本試験形式！

3級

QC検定®

模擬テスト

福井清輔 編著

弘文社

まえがき

　本書は，一般財団法人日本規格協会および一般財団法人日本科学技術連盟が主催する品質管理検定（QC 検定）3 級合格のための模擬テスト集です。

　QC 検定 3 級の合格基準は，総合得点で概ね70%以上となっています。解ける問題を着実に増やしていけば，合格が見えてくるでしょう。

　本書を活用され，合格の栄冠を勝ち取られることを願ってやみません。

著者

目　次

品質管理検定受検ガイド

品質管理検定の概要

　品質管理検定（QC 検定）は，一般財団法人日本規格協会および一般財団法人日本科学技術連盟が主催しています。この検定は，一般社団法人日本品質管理学会が認定しているもので，個人や組織の QC レベルの向上，製品・サービスの品質の向上を図り，産業界全体のものづくりの質の底上げをするために行われています。

　組織で働く人に求められる品質管理の能力を 4 つのレベル（1～4 級）に分類し，各レベルの能力を発揮するために必要な品質管理の知識を，筆記試験によって客観的に評価し，各レベルの認定を与えるものです。

認定する知識・能力のレベル

● 1 級
・組織内で発生する様々な問題について，品質管理の面から解決・改善する方法を理解しており，自ら主導していくことができるレベル
・組織内において品質管理活動のリーダーとして活躍できるレベル
※ 1 級の合格基準のうち 1 次試験のみを満たした場合に準 1 級が与えられる
● 2 級
・一般的な職場で起きる品質に関する問題を QC 七つ道具や新 QC 七つ道具などを活用して，自分が中心となって解決・改善していくことができ，品質管理の実践に関して，十分に理解できるレベル
● 3 級
・QC 七つ道具についてほぼ理解しており，改善の進め方について支援を受ければ，職場で起きる問題の解決に当たることができるレベル
● 4 級
・組織で仕事に従事するに際して，品質管理の基本をはじめとする企業活動の基本常識を理解できるレベル

対象とされる人材像

●1級
・部門横断の品質問題解決を主導的に行うことができるスタッフ
・品質問題解決の指導的立場の品質技術者
●2級
・自部門の品質問題解決を主導的に行うことができるスタッフ
・品質に関わる部署の管理職やスタッフ
●3級
・自らの職場の問題解決を行うすべての社員
・品質管理を学ぶ大学生や高校生など
●4級
・初めて品質管理を学ぶ人
・初めて品質管理を学ぶ大学生や高校生など
・新入社員など

合格基準

合格基準は概ね次のようになっています。

区分	全体の成績	科目ごとの最低基準		
		品質管理の手法	品質管理の実践	論述
1級	70%以上	50%以上	50%以上	50%以上
2級		50%以上	50%以上	―
3級		50%以上	50%以上	―
4級		―	―	―

試験形式（３級）

マークシート方式

試験日程

例年３月と９月の年２回行われています。

※本項記載の情報は変更される可能性もあります。詳しくは試験機関のウェブサイト等でご確認ください。

本書の特徴と活用方法

　本書は，5回分の模擬テストを収録しています。試験前の腕だめしなどに活用してください。

　解答解説のページでは，図解も織り交ぜながら，わかりやすく解説しています。巻末には解答用紙も用意しています。学習に役立ててください。

本書を活用し，
合格の実力をしっかり
身につけましょう

模擬テスト
問題

試験時間は90分です。
さあ，始めましょう！

模擬テスト

問題

問 1 製品に関する次の文章において，□□□□内に入るもっとも適切なものを次の選択肢から選び，その記号を解答欄に記入しなさい。ただし，同一の選択肢を複数回用いることはないものとする。

品質管理分野において用いられる製品という用語には，一般に次の 2 つの定義がある。

① 製品とは，工程（　(1)　）の結果をいう。
② 製品とは，消費者に提供することを意図した　(2)　・　(3)　の商品，　(4)　，ハードウェア，　(5)　およびこれらを組み合わせたものをいう。

　(1)　とは，インプットをアウトプットに変換する，相互に関連するまたは相互に作用する一連の活動をいう。製品を受け取る組織または人を顧客（お客様）という。また，　(4)　には　(2)　のものと　(3)　のものとがあり，さらに，一般にハードウェアは　(2)　であり，　(5)　は　(3)　□であることが多い。

選択肢

ア．工場　　　　　　イ．システム　　　　ウ．プロセス
エ．無形　　　　　　オ．有形　　　　　　カ．サービス
キ．生産者　　　　　ク．ソフトウェア　　ケ．バックアップ

解答欄

(1)	(2)	(3)	(4)	(5)

問2

次の図は，管理のサイクルを繰り返すことを意味する
スパイラル・ローリングあるいはスパイラルアップと
呼ばれるものを表している。図において，□□□□内
に入るもっとも適切なものを次の選択肢から選び，そ
の記号を解答欄に記入しなさい。ただし，同一の選択
肢を複数回用いてもよいものとする。

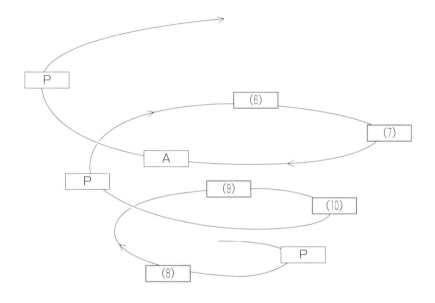

選択肢

ア. A   イ. B   ウ. C   エ. D   オ. E
カ. P   キ. Q   ク. R   ケ. S   コ. T

解答欄

(6)	(7)	(8)	(9)	(10)

問3 標準化に関する次の文章において，正しいものには○を，正しくないものには×を解答欄に記入しなさい。

① 標準には，業界団体などで行われる標準もあり，これを団体標準あるいは業界標準などと呼んでいる。 ⬜(11)

② 国際貿易の障壁を取り払う目的で，電気分野では ISO，その他分野では IEC などで国際的な標準化が進められている。 ⬜(12)

③ EN は国際標準に分類される。 ⬜(13)

④ 標準の体系としては，国際標準を最上位として，次いで地域標準，国家標準，団体標準，社内標準という段階がある。 ⬜(14)

⑤ JIS や JAS も日本国内の国家標準に含まれる。 ⬜(15)

解答欄

(11)	(12)	(13)	(14)	(15)

問4 次の図は製造工程における品質情報の母集団中からサンプリングをして測定し，その結果を再び工程に反映する場合のフローを示すものである。その中の□□□内に入るもっとも適切なものを次の選択肢から選び，その記号を解答欄に記入しなさい。ただし，同一の選択肢を複数回用いることはないものとする。

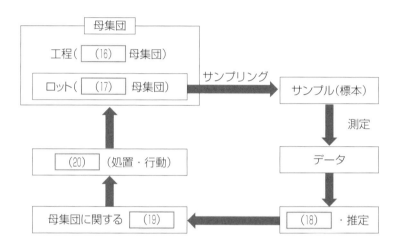

選択肢

ア．有限   イ．無限   ウ．検算
エ．検定   オ．アクション   カ．代替
キ．廃棄   ク．購入   ケ．判断

解答欄

(16)	(17)	(18)	(19)	(20)

問 5　データ数が n であるような変量 x における偏差平方和 S に関する次の式において，　　　内に入るもっとも適切なものを次の選択肢から選び，その記号を解答欄に記入しなさい。ただし，これらのデータの平均値を $\bar{x}$ とし，同一の選択肢を複数回用いることはないものとする。

$$S = (x_1 - \boxed{(21)})^2 + (x_2 - \boxed{(21)})^2 + \cdots + (x_i - \boxed{(21)})^2 + \cdots$$
$$+ (\boxed{(22)} - \boxed{(21)})^2$$
$$= \sum_{i=1}^{\boxed{(23)}} (x_i - \boxed{(21)})^2$$
$$= \sum_{i=1}^{\boxed{(23)}} x_i^2 - \frac{\left(\sum\limits_{i=1}^{\boxed{(23)}} x_i\right)^2}{\boxed{(23)}}$$

ここに，

$$\boxed{(21)} = \frac{x_1 + x_2 + \cdots + \boxed{(22)}}{\boxed{(23)}} = \frac{1}{\boxed{(23)}} \sum_{i=1}^{\boxed{(23)}} x_i$$

選択肢

ア．1	イ．2	ウ．3	エ．$x_n - 1$
オ．x_n	カ．$x_n + 1$	キ．$n - 1$	ク．n
ケ．$n + 1$	コ．$\bar{x} - 1$	サ．$\bar{x}$	シ．$\bar{x} + 1$

解答欄

(21)	(22)	(23)

問6 計数値あるいは計量値に関する次のそれぞれの記述について，正しいものには○を，正しくないものには×を解答欄に記入しなさい。

① 人間を構成する細胞数は，とても数えられないので，計数値ではなくて計量値である。 ㉔

② 日本の面積は計量値であり，日本の島の数は計数値である。 ㉕

③ 現在の世界の人口は，計数値である。 ㉖

④ 日本の鉄道における枕木の総数は，計数値である。 ㉗

⑤ 人口10万人当たりにおける昨年度の日本の結婚率は，整数値にはならないので，計量値とみなされる。 ㉘

解答欄

㉔	㉕	㉖	㉗	㉘

問7　偏差平方和，偏差積和および相関係数に関する以下の数式において，□内に入るもっとも適切なものを次の選択肢から選び，その記号を解答欄に記入しなさい。ただし，Sは平方和あるいは積和を，rは相関係数を表す記号，また，変量に上付きバーを書いて平均値とすることとし，同一の選択肢を複数回用いることはないものとする。

① $\boxed{(29)} = \sum_{i=1}^{n} (x_i - \overline{x})^2$

② $\boxed{(30)} = \sum_{i=1}^{n} (y_i - \overline{y})^2$

③ $\boxed{(31)} = \sum_{i=1}^{n} (x_i - \overline{x})(y_i - \overline{y})$

④ $\boxed{(32)} = \dfrac{\boxed{(31)}}{\sqrt{\boxed{(29)}\ \boxed{(30)}}}$

選択肢

ア．S_{xy}　　　　イ．S_{xx}　　　　ウ．S_{yy}

エ．r_{xy}　　　　オ．r_{xx}　　　　カ．r_{yy}

解答欄

(29)	(30)	(31)	(32)

問8 ヒストグラムに関する次の文章において，[____]内に入るもっとも適切なものを次の選択肢から選び，その記号を解答欄に記入しなさい。ただし，ヒストグラム中の2本の縦線は右から順にそれぞれ上限規格および下限規格を意味し，また同一の選択肢を複数回用いることはないものとする。

① ばらつきが大きすぎるため，規格外れが発生している。ばらつきを小さくするか，規格範囲を拡大する必要がある。   ㉝

② 規格範囲に対してばらつきが少なく，平均値もそのほぼ中央に存在していて，望ましいヒストグラムといえる。   ㉞

③ データが規格範囲を外れていないものの平均値あるいは中心値がやや下限側に寄りすぎている。   ㉟

④ 中心の位置はほぼ規格範囲の中央にあるが，ばらつきが規格範囲に対してかなり大きいため，ばらつきを小さく対策をとるか，規格範囲を拡大する必要がある。   ㊱

⑤ 規格範囲に対して相対的にもっともばらつきが小さいヒストグラムとなっている。規格範囲を縮小してもよいとみられる。あるいは，この規格範囲で十分であって，ばらつきを小さくするために費用が発生しているのであれば，その費用を削減できる可能性もある。   ㊲

⑥ 左絶壁型になっていて不適合品を除去した分布とみられる。ばらつきを小さくするか，中心の位置を右側にずらす対策が必要である。   ㊳

選択肢

ア.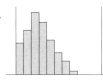

イ.

ウ.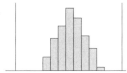

エ.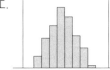

オ.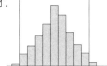

カ.

解答欄

(33)	(34)	(35)	(36)	(37)	(38)

問9 グラフに用いられる各種の線に関する次の文章において，□□□内に入るもっとも適切なものを次の選択肢から選び，その記号を解答欄に記入しなさい。ただし，同一の選択肢を複数回用いることはないものとする。

　グラフには，各種の形の線が用いられるが，基本となる線として切れ目のない1本の線を ㊴ という。 ㊴ の中でも，細いものを ㊵ ，太いものを ㊶ ということがある。 ㊴ を2本，平行に並べると ㊷ になる。

　これらに対して，点を線状に並べて構成される線が ㊸ であり，また，短い線分が線状に並べられるものを ㊹ という。音読みをすると ㊹ と読みが同じになるものとして ㊺ がある。

　さらに，線分と点が繰り返されることで構成される線を ㊻ という。このうち，線分と線分の間に点がひとつであるものを ㊼ ，点が2つであるものを ㊽ と呼んでいる。

選択肢

ア．破線　　イ．二重線　　ウ．点線　　エ．太実線　　オ．細実線

カ．鎖線　　キ．一点鎖線　ク．二点鎖線　ケ．波線　　コ．実線

解答欄

㊴	㊵	㊶	㊷	㊸	㊹	㊺	㊻	㊼	㊽

図はあるプロジェクトにおける各作業を PERT 図に表したものである。これに関するそれぞれの記述について，正しいものには〇を，正しくないものには×を解答欄に記入しなさい。ただし，図中の（　）内の数字は，それぞれの作業の遂行に必要な日数であるとする。

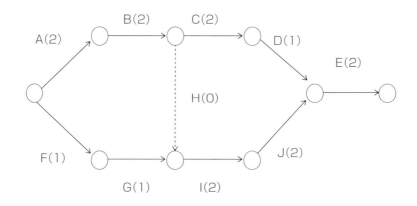

① PERT 図はアロー・ダイヤグラムともいわれる。　　　　　　(49)
② 作業 H はダミー作業と呼ばれる。　　　　　　　　　　　　(50)
③ 作業 I の先行作業は，作業 G のみである。　　　　　　　　(51)
④ 作業 E の先行作業は，作業 D と作業 J である。　　　　　　(52)
⑤ このプロジェクトは，最速で進行できた場合には，最短 9 日で終了できる。　　(53)

解答欄

(49)	(50)	(51)	(52)	(53)

問 11 確率分布および正規分布，二項分布に関する次の文章において，正しいものには○を，正しくないものには×を解答欄に記入しなさい。

① 確率分布は，確率変数に対する確率が負になることはなく，0以上の正の値をとり，すべての確率変数の確率を合わせると，必ず1になるという特徴をもつ。 ⎣54⎦

② 二項分布は，生起する事象が"適合品である"と"不適合品である"といった2つの場合で，試行を独立に行う場合の分布をいう。 ⎣55⎦

③ 不適合品率 P の工程からサンプルを n 個ランダムに抜き取った場合，サンプル中に不適合品が x 個ある確率 P_x $(x=0,1,2,\cdots,n)$ は，次のように表せる。

$$P_x = {}_nC_x P^x (1-P)^{n-x}$$

⎣56⎦

④ 不適合品率 $P=0.10$ の工程から，サンプルを3個ランダムに抜き取った場合，サンプル中に不適合品が1個である確率は，0.426である。 ⎣57⎦

解答欄

54	55	56	57

次に示す手法の名称について，それを適切に説明する
文章の記号を選択肢の中より選び，解答欄に記入しな
さい。

① パレート図   58
② 連関図法   59
③ チェックシート   60
④ PERT 図法   61
⑤ ヒストグラム   62

選択肢

ア．プロジェクトなどを達成するために必要な作業の順序関係や相互関係を
　　矢線で表すことによって，最適な日程計画を立てたり効率よく進度を管
　　理したりするための手法

イ．問題に関連して着目すべき要素を，碁盤の目のような行列図に項目に並
　　べ，要素と要素の交点において互いの関連の検討を行うための手法

ウ．頻度情報を加筆しつつ整理できるようにした表

エ．工程などを管理するために用いられる折れ線グラフ

オ．多くの言語データがあってまとまりをつけにくい場合に用いられ，意味
　　内容が似ていることを「親和性が高い」と呼び，そのようなものどうし
　　を集めながら全体を整理していく方法

カ．発生頻度を整理して，頻度の順に柱状グラフにし，累積度数を折れ線グ
　　ラフで付加したもの

キ．枝分かれした図によって，着眼点をもとに問題を分類しながら主に論理
　　的に考えていくことで，問題を解析したり解決するための案を得たりす
　　る手法

ク．特性要因図に似ているが，単にグルーピングして整理するだけでなく，
　　原因と結果のメカニズムや因果関係を矢線で結んでまとめていく図を用
　　いるもの

ケ．計量値のデータの分布を示した柱状のグラフ

コ．2つの変量を座標軸上のグラフとして打点したもの

サ．要因が結果に関係し影響している様子を，矢線の入った系統図にしたも
　　の

解答欄

(58)	(59)	(60)	(61)	(62)

問 13 品質管理業務の遂行に関する次の図において，
□□□□□内に入るもっとも適切なものを次の選択肢
から選び，その記号を解答欄に記入しなさい。ただ
し，同一の選択肢を複数回用いることはないものとす
る。

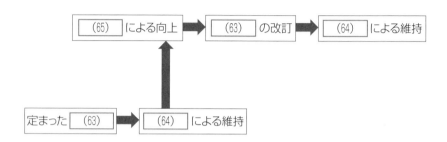

選択肢

ア．選択　　イ．客観　　ウ．主観　　エ．管理　　オ．低減
カ．基準　　キ．標準　　ク．技術　　ケ．販売　　コ．改善

解答欄

(63)	(64)	(65)

問 14 製品検査において，製品の値に近い標準となる実物を測定したデータにより $\overline{X}-R$ 管理図を作って管理している。この製品のばらつきはあまり変化がなく，かたよりだけが大きくなった場合の $\overline{X}-R$ 管理図にはどのような変化がみられるか。次のそれぞれの記述について，正しいものには○を，正しくないものには×を解答欄に記入しなさい。

① $\overline{X}$ 管理図にはあまり変化はみられない。　　66

② R 管理図にはあまり変化はみられない。　　67

③ $\overline{X}$ 管理図にはあまり変化はみられないが，R 管理図では，点が上のほうに多くなる。　　68

④ $\overline{X}$ 管理図に周期的な打点が増える傾向がみられるようになる。　　69

⑤ $\overline{X}$ 管理図の点が上の方向のみ，あるいは下の方向のみに中心線から離れる傾向がみられる。　　70

解答欄

66	67	68	69	70

問 15　管理図を体系的に示した次の図において，　　　　　内に入るもっとも適切なものを次の選択肢から選び，その記号を解答欄に記入しなさい。ただし，同一の選択肢を複数回用いることはないものとする。

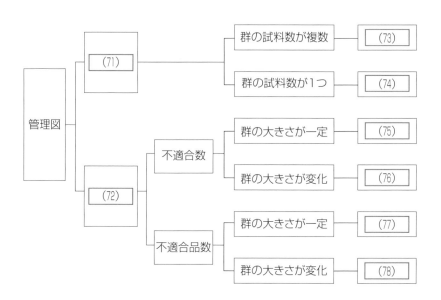

選択肢

ア．計数値　　　　イ．計量値　　　　ウ．c 管理図

エ．u 管理図　　オ．$\overline{X}-R$ 管理図　カ．np 管理図

キ．p 管理図　　ク．X 管理図　　　ケ．R 管理図

解答欄

(71)	(72)	(73)	(74)	(75)	(76)	(77)	(78)

問16 近年，日常の管理を確実に実施するための工夫として，品質情報や進捗状況を多くの担当者や関係者にわかりやすくするための努力が行われるようになっている。このことに関する次の文章において，正しいものには○を，正しくないものには×を解答欄に記入しなさい。

① このような工夫を「可視化」あるいは「ビジュアル化」などという。
(79)

② このような工夫を「見える化」ということがある。
(80)

③ このような努力は，品質管理活動の結果のまとめだけに限定して行われるべきものである。
(81)

④ このような活動は，形式知を暗黙知にする活動であるともいわれる。
(82)

⑤ このような活動は，部門の目標設定に関することにはじまって，問題の発生状況，改善すべき事項とその成果，顧客の要求事項やクレーム（苦情）情報など，多岐にわたってその対象となるものがある。
(83)

解答欄

(79)	(80)	(81)	(82)	(83)

問 17 近年の品質保証に関する考え方は徐々に変化している。それに関連した次の文章において，□□□内に入るもっとも適切なものを次の選択肢から選び，その記号を解答欄に記入しなさい。ただし，同一の選択肢を複数回用いることはないものとする。

日本品質管理学会における品質保証の定義は「顧客・社会の □84□ を満たすことを確実にし，確認し，実証するために，組織が行う □85□ な活動」となっている。

従来は，生産者と □86□ だけの関係からとらえられていたが，高度成長期に大きな問題を起こした □87□ に端を発して，近年では生産者と □86□ に限らず，第三者を含んで「社会に迷惑をかけない製品」という概念が広く浸透することとなった。

つまり，現代は製品の生産，使用，そして，廃棄の段階に至るまでの □88□ 全体にわたった広い意味での品質保証が重視される時代となっているのである。

選択肢

ア．シーズ　　　　　イ．ニーズ　　　　　　ウ．一般的
エ．客観的　　　　　オ．主観的　　　　　　カ．体系的
キ．ライフスタイル　ク．ライフサイクル　　ケ．PDCAサイクル
コ．健康問題　　　　サ．公害問題　　　　　シ．政治問題
ス．管理者　　　　　セ．消費者

解答欄

84	85	86	87	88

第**2**回

模擬テスト

問題

試験時間　90分
解答一覧　P.111
解答解説　P.137
解答用紙　P.201

品質管理における次の用語の説明として，もっとも適切に対応する説明文を次の選択肢から選び，解答欄に記入しなさい。ただし，同一の選択肢を複数回用いることはないものとする。

① 源流志向   (1)
② 重点志向   (2)
③ 生産者志向   (3)
④ 消費者志向   (4)

選択肢

ア．生産コストを可能な限り低下させようとする生産上の考え方であって，マーケットインと呼ばれる。

イ．消費者のニーズに合わせるための対応を優先すべきという考え方であって，プロダクトアウトと呼ばれる。

ウ．たとえば，新 QC 七つ道具に属する連関図法において，より高次の要因について対策を行うべきであるとするような考え方

エ．たとえば，QC 七つ道具に属するパレート図において，寄与率の高いものを優先して対応すべきであるとするような考え方

オ．コストの合理化や収率の向上など，生産者の立場を優先した生産上の考え方であって，プロダクトアウトと呼ばれる。

カ．消費者の品質要求を十分にウォッチし，できるだけこれに合わせるようにする生産上の考え方であって，マーケットインと呼ばれる。

解答欄

(1)	(2)	(3)	(4)

問2 次の文章において，□□□□内に入るもっとも適切な
ものを次の選択肢から選び，その記号を解答欄に記入
しなさい。ただし，各選択肢を複数回用いることはな
いものとする。

① 品質問題に至る大きな不具合や故障などが生じる可能性と，その要因を
未然に予測することを， (5) という。

② 設計にインプットすべきニーズなどの要求事項が設計のアウトプットに
織り込まれ，品質目標が達成できるかどうかに関して，関係者が審査す
ることを， (6) という。

③ 特定の故障をトップ事象に取り上げ，その原因を順次たどっていく手法
を， (7) という。

④ 製品を構成する部品から，システム全体の影響を評価する手法を，
(8) という。

選択肢

ア．FTA 　　 イ．故障モード 　　 ウ．デザインレビュー

エ．ETA 　　 オ．FMEA 　　 カ．トラブル予測

解答欄

(5)	(6)	(7)	(8)

問3 標準化に関する次のそれぞれの記述について，正しいものには○を，正しくないものには×を解答欄に記入しなさい。

① 標準化における標準とは，関連する人の間で利益や利便が公正に得られるように取り決められたものとされている。　　　　　　(9)

② 社内標準化の目的は，基本的にもっとも優秀な作業者にあわせたルール作りである。　　　　　　(10)

③ 作業の標準化を進めれば，個人差の影響が減って確実な作業が実現されやすく，さまざまな業務の質の安定化を図ることができる。　　(11)

④ 社内標準化のための基準は，常に最高レベルの品質を実現することを目指して規定されるべきである。　　　　　　(12)

⑤ 標準化とは，「標準を設定し，これを活用する組織的行為」と定義されている。　　　　　　(13)

解答欄

(9)	(10)	(11)	(12)	(13)

問4 データを扱う際の記号に関する次のそれぞれの記述について，正しいものには○を，正しくないものには×を解答欄に記入しなさい。

① 一般に $\bar{x}$ や $E(x)$ は平均値を意味する記号である。 　⑭

② 一般に中央値は $\tilde{x}$ で表される。 　⑮

③ $\{x_i\}$ $(i = 1 \sim n)$ という表現は，$\{\ \}$ が集合を表すことから，データなど n 個の変量を表している。 　⑯

④ x_i の i を1から n まで変化させて，それらのすべての和をとることを意味するのは，$\displaystyle\sum_{i=1 \sim n} x_i$ という表記である。 　⑰

⑤ データの中の最大値を $x_{\max}$，最小値を $x_{\min}$ とするとき，このデータの範囲 R は $x_{\min} - x_{\max}$ で表される。 　⑱

解答欄

⑭	⑮	⑯	⑰	⑱

問 5　次に示すような内容は，品質管理の分野において何という用語で表されるか，該当するもっとも適切な用語を次の選択肢から選び，解答欄に記入しなさい。ただし，同一の選択肢を複数回用いることはないものとする。

① 測定値の母平均から真の値を引いた値　　　　　　　　(19)

② 測定値の大きさがそろっていないこと，または測定値の大きさが不ぞろいであること　　　　　　　　(20)

③ 測定値から試料平均を引いた値　　　　　　　　(21)

④ 測定値から母平均を引いた値　　　　　　　　(22)

⑤ 測定値から真の値を引いた値　　　　　　　　(23)

選択肢

ア．誤差　　　イ．交差　　　ウ．偏差　　　エ．公差　　　オ．平均値

カ．残差　　　キ．平方和　　　ク．かたより　　　ケ．ばらつき

解答欄

(19)	(20)	(21)	(22)	(23)

散布図とは２つの変量の間の関係を把握しやすくするために座標軸上のグラフとしてプロットしたものである。次の５つの散布図を相関係数の大きい順に並べた場合にどのような順番になるか。もっとも適切なものを次の選択肢から選び，解答欄に記入しなさい。

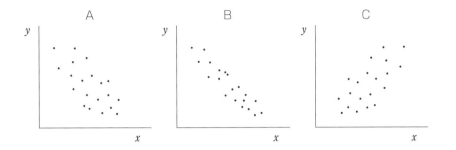

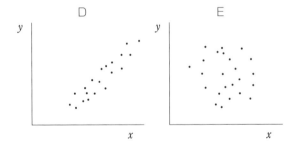

選択肢

ア．A＞B＞C＞D＞E 　　イ．B＞C＞A＞E＞D

ウ．A＞B＞E＞C＞D 　　エ．B＞C＞D＞A＞E

オ．A＞D＞E＞B＞C 　　カ．D＞C＞E＞A＞B

キ．B＞A＞E＞C＞D 　　ク．D＞C＞A＞B＞E

ケ．E＞A＞B＞C＞D 　　コ．E＞B＞C＞A＞D

解答欄

⑳

①

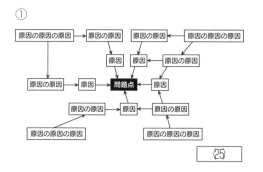

(25)

②

(26)

③

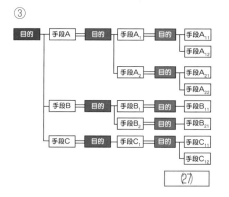

(27)

④

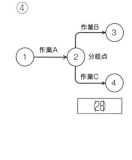

(28)

⑤

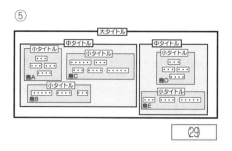

(29)

選択肢

ア．散布図　　　　　イ．管理図
ウ．特性要因図　　　エ．チェックシート
オ．系統図法　　　　カ．パレート図
キ．PERT 図法　　　ク．親和図法
ケ．連関図法　　　　コ．ヒストグラム
サ．マトリックス図法

解答欄

㉕	㉖	㉗	㉘	㉙

問 8 工程能力指数に関する次の文章において，　　　　内に入るもっとも適切なものを次の選択肢から選び，その記号を解答欄に記入しなさい。ただし，同一の選択肢を複数回用いることはないものとする。なお，必要に応じてP.106の付表を利用しなさい。

ある安定状態の工程で製品が製造されており，製品の寸法は，平均1.20 mm，標準偏差0.16 mmの正規分布に従っている。この製品寸法の規格は，1.10±0.50 mmであるものとする。

① この工程の工程能力指数C_pは　30　であり，かたよりを考慮した工程能力指数C_{pk}は　31　である。また，この工程で製造される製品の寸法が上限規格を超える確率を求めると　32　となる。

② C_p＝1.33とするためには，標準偏差が　33　となるよう改善することが必要である。

選択肢

ア．1.04　　イ．1.08　　ウ．0.13　　エ．0.83　　オ．0.011

カ．0.0062　キ．1.12

解答欄

(30)	(31)	(32)	(33)

品質管理に関する次の文章において，　　　　　内に入るもっとも適切なものを次の選択肢から選び，その記号を解答欄に記入しなさい。ただし，同一の選択肢を複数回用いることはないものとする。

　　QC 七つ道具は主として定量的なデータを扱う手法となっているが，例外的に定性的な情報を扱う手法があり，具体的には　　34　　である。
　　これに対して，新 QC 七つ道具は主として定性的な情報を扱うものとなっているが，ここでも例外的に定量的なデータを扱う手法があり，その手法の名称は　　35　　である。

選択肢

ア．PDPC 法　　　　イ．PERT 図法　　　　ウ．特性要因図
エ．パレート図　　　オ．散布図　　　　　　カ．チェックシート
キ．グラフ　　　　　ク．管理図　　　　　　ケ．マトリックスデータ解析法
コ．累積度数分布図　サ．柱状図　　　　　　シ．工程能力図

解答欄

34	35

問 10 検査の行われる目的あるいは段階によって分類される次の検査はどのようなものか，もっとも適切な説明文を次の選択肢から選び，解答欄に記入しなさい。ただし，同一の選択肢を複数回用いることはないものとする。

① 工程間検査（工程内検査，中間検査）   (36)
② 自主検査   (37)
③ 受入検査（購入検査）   (38)
④ 出荷検査   (39)
⑤ 最終検査（製品検査，完成品検査）   (40)

選択肢

ア．材料あるいは半製品（中間製品）を受け入れる段階において，一定の基準に基づいて受け入れの可否を判定する検査

イ．工場内において，半製品（中間製品）をある工程から次の工程に移動してもよいかどうかを判定するために行う検査

ウ．完成した品物が，製品として要求事項を満たしているかどうかを判定するために行う検査

エ．製品を出荷する際に行う検査であって，輸送中に破損や劣化が生じないように梱包条件についても検査を行う。

オ．製造部門において，自分たちの製造した製品について自主的に行う検査

解答欄

(36)	(37)	(38)	(39)	(40)

問11 管理図に関する次のそれぞれの記述について，正しいものには○を，正しくないものには×を解答欄に記入しなさい。

① 通常用いられる管理図はシューハート管理図と呼ばれるもので，中でも$\overline{X}-R$管理図が多用されている。 (41)

② $\overline{X}-R$管理図は，ほぼ規則的な間隔で工程などから採取されたデータをもとに作成される。 (42)

③ $\overline{X}-R$管理図においては，$\overline{X}$管理図の中心線として$\overline{\overline{X}}$が取られる。 (43)

④ $\overline{X}$管理図には管理限界線として，上方管理限界線と下方管理限界線が必ず書かれる。 (44)

⑤ R管理図には管理限界線として，上方管理限界線と下方管理限界線が必ず書かれる。 (45)

解答欄

(41)	(42)	(43)	(44)	(45)

問 12 特性値分布図は，横軸に特性値を取り，縦軸にその分布を示した図のことである。工程が次のような状態であるとき，特性値分布図はどのような形になるか。もっともふさわしいものを次の選択肢から選び，解答欄に記入しなさい。ただし，$\overline{X}$ は特性値の平均値を，S_Uは規格許容値の上限，S_Lはその下限を示すものとする。

① 工程能力は十分すぎる。 (46)
② 工程能力は十分である。 (47)
③ 工程能力は十分とはいえないが，まずまずである。 (48)
④ 工程能力は若干不足している。 (49)
⑤ 工程能力は非常に不足している。 (50)

選択肢

ア.
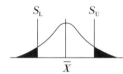

イ.
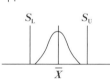

ウ.
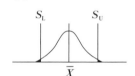

エ.
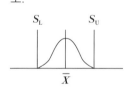

オ.
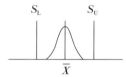

解答欄

(46)	(47)	(48)	(49)	(50)

問13 品質管理のテーマに関する次のそれぞれの記述について，正しいものには○を，正しくないものには×を解答欄に記入しなさい。

① 近代的な品質管理においては，基本的に事実よりも推論に基づく管理が本来の管理である。 (51)

② 品質管理においては，統計的手法が正しく用いられることも重要である。 (52)

③ 解決すべきテーマには，問題と課題とがあるといわれるが，問題も課題も期待水準と現状水準の差としてとらえられる点は共通している。 (53)

④ 問題には「発生する問題」と「探す問題」に分類する立場があるといわれる。 (54)

⑤ 問題や課題の解決手順としては，一般に問題は望ましい姿の設定から始め，課題は現状の解析から始めることが多い。 (55)

解答欄

(51)	(52)	(53)	(54)	(55)

問 14 特性要因図に関する次の文章において，□□□内に入るもっとも適切なものを次の選択肢から選び，その記号を解答欄に記入しなさい。ただし，各選択肢を複数回用いることはないものとする。

① 特性要因図において，□56□とは，特性と要因の関係を表す矢線のことをいう。

② 特性要因図の真ん中の太い矢線を，□57□といい，これに近い順に，大骨，□58□，□59□，□60□という。

③ 特性要因図は，この図の開発者である博士の名前をとって，□61□といわれる。

④ 特性要因図は，この図の形状から，□62□ともいわれている。

選択肢

ア．背骨　　イ．小骨　　ウ．骨　　エ．中骨　　オ．孫骨

カ．魚の骨図　　キ．石川ダイアグラム　　ク．デミングのサイクル

解答欄

56	57	58	59	60	61	62

問 15 製造管理や品質の保証に関する次の用語の意味として，もっとも適切な説明文を次の選択肢から選び，解答欄に記入しなさい。ただし，同一の選択肢を複数回用いることはないものとする。

① 予防保全　　　　　　　　　　　　　　　63
② 事後保全　　　　　　　　　　　　　　　64
③ 顕在クレーム　　　　　　　　　　　　　65
④ 潜在クレーム　　　　　　　　　　　　　66
⑤ コンプレイン　　　　　　　　　　　　　67

選択肢

ア．生産者あるいは販売者の側に具体的に持ち込まれるクレームをいう。

イ．生産者あるいは販売者の側に具体的に持ち込まれずに顧客の側に留まるクレームをいう。

ウ．機器やシステムに起きた故障に対応して復旧する保全をいう。

エ．クレームに加えて，漫然とした不満や不平までを含めていうことがある用語である。

オ．機器やシステムの故障やトラブルに先立って，それらの起こりそうな点をあらかじめ対策して，故障に至らないようにする保全をいう。

解答欄

63	64	65	66	67

問 16 QC サークルや QC ストーリーに関する次のそれぞれの記述について，正しいものには〇を，正しくないものには×を解答欄に記入しなさい。

① QC サークルは，基本的に製造部門だけで行われる活動である。 | 68 |

② QC サークル活動は，日常業務の改善活動に加え，業務遂行能力の向上や職場の活性化なども目指している活動である。 | 69 |

③ QC サークルで行う活動を，小集団活動あるいは QC サークル活動などと呼んでいる。 | 70 |

④ 改善の活動には問題解決型と課題達成型とがあるが，現状の水準を上げたり，新しい事業への対応をしたりすることなどについては問題解決型に分類される。 | 71 |

⑤ QC サークルは日本で始まった日本独特の活動であり，日本だけで展開されている。 | 72 |

⑥ QC サークル活動における「自主性」とは，上司が関与しないということである。 | 73 |

⑦ QC サークル活動における成果は，無形のものでは意味がないので，有形のものだけを評価すべきである。 | 74 |

解答欄

(68)	(69)	(70)	(71)	(72)	(73)	(74)

第3回

模擬テスト

問題

次の文章において，□□□内に入るもっとも適切な
ものを次の選択肢から選び，その記号を解答欄に記入
しなさい。ただし，各選択肢を複数回用いることはな
いものとする。

① 設定してある目標と現実とのギャップのことを□(1)□といい，そのギ
ャップに対して原因を特定し，対策し，確認し，必要な処置を行う活動
が□(2)□である。

② 設定しようとする目標と現実とのギャップのことを□(3)□といい，新
しく目標を設定し，その目標を達成するためのプロセスやシステムを構
築し，それを運用して目標を達成する活動が□(4)□である。

選択肢

ア．課題達成 　　イ．問題 　　ウ．管理のサイクル

エ．手段 　　オ．課題 　　カ．問題解決

解答欄

(1)	(2)	(3)	(4)

問**2** 品質管理に関する次のそれぞれの記述について，正しいものには〇を，正しくないものには×を解答欄に記入しなさい。

① 製品やサービスの質を中心として，それを重視する考え方を品質意識と呼んでいる。 (5)

② 従来 TQC と呼ばれていたトータル品質管理は，総合的な内容をより重視して TQM と呼ばれるようになり，品質経営という言い方もされるようになった。 (6)

③ 品質不良を明らかにし，その改善の目標や望ましい水準を設定して，それを目指して継続的に活動することを品質保全と呼んでいる。 (7)

④ 製品品質について，顧客の満足という観点で，有用性，安全性，その他の影響などを客観的な立場で科学的に判断することを品質評価という。 (8)

⑤ QC 活動をより一層よいものにするために，専門的な第三者に活動を診断してもらい，必要なアドバイスを受けるなどのことを QC 診断あるいは品質管理診断といっている。 (9)

解答欄

(5)	(6)	(7)	(8)	(9)

53

標準化に関する次の文章において，□□□内に入る もっとも適切なものを次の選択肢から選び，その記号 を解答欄に記入しなさい。ただし，各選択肢を複数回 用いることはないものとする。

① 職場には業務を行うために複数の人がいるため，そこで業務を効率よく 遂行するためには，統一されたルールが必要であり，この決められたル ールのことを□（10）□という。

② 顧客に対して，より良い品質の製品・サービスを提供していくために は，最適な仕事が行われるように，やり方などを統一することが必要で あり，これを□（11）□という。これは，関係するすべての人のチームワ ークにより組織的に進められることが大切である。

(10)，(11)の選択肢
ア．経営理念　　イ．標準　　ウ．5ゲン主義　　エ．標準化
オ．個人技

③ 企業単位で行う標準化を，□（12）□標準化といい，この標準化を進める 際には，技術・経験を寄せ集め，仕事のやり方や管理の基準を定め，そ して標準が遵守されるように，必要に応じて周知・□（13）□を行うこと が重要である。さらに標準が適切な状態であるかどうかを事実に基づく データで□（14）□していく必要もある。

(12)～(14)の選択肢
ア．企業　　イ．管理　　ウ．教育　　エ．社内　　オ．業務命令

解答欄

(10)	(11)	(12)	(13)	(14)

問4 データの扱いに関する次のそれぞれの記述について，正しいものには○を，正しくないものには×を解答欄に記入しなさい。

① データにおける範囲とは最小値から最大値を差し引いたものをいう。

(15)

② 中央値とは，データをランダムに並べた時に，中央に位置するものをいう。

(16)

③ モードとは中央値のことである。 (17)

④ 一般にサンプルの平均値を求める際には，幾何平均が用いられる。

(18)

⑤ 最頻値とはもっとも多く出現するデータのことである。 (19)

解答欄

(15)	(16)	(17)	(18)	(19)

問 5　QC 七つ道具に関する次の記述について，もっとも適切な手法名を選択肢から選び，その記号を解答欄に記入しなさい。

① 工程などを管理するために用いられる折れ線グラフ 〔⑳〕

② 頻度情報を加筆しつつ整理できるようにした表 〔㉑〕

③ 計量値のデータの分布を示した柱状のグラフ 〔㉒〕

④ 要因が結果に関係し影響している様子を，矢線の入った系統図にしたもの 〔㉓〕

⑤ 発生頻度を整理して，頻度の順に棒グラフにし，累積度数を折れ線グラフで付加したもの 〔㉔〕

選択肢

ア．ヒストグラム	イ．特性要因図
ウ．管理図	エ．系統図法
オ．PERT 図法	カ．親和図法
キ．散布図	ク．チェックシート
ケ．マトリックス図法	コ．連関図法
サ．パレート図	

解答欄

⑳	㉑	㉒	㉓	㉔

問6　ヒストグラムは柱状図ともいわれ，QC 七つ道具のひとつであるが，それに関する次のそれぞれの記述について，正しいものには〇を，正しくないものには×を解答欄に記入しなさい。

① 二山分布になるヒストグラムでは，強いばらつき要因が複数存在することが考えられる。　〔25〕

② 非常に鋭くとんがった山の分布になるということは，ばらつきが大きいということである。　〔26〕

③ 一定値以上のデータが何らかの理由でカットされるような場合には，左絶壁型になりやすい。　〔27〕

④ ヒストグラムの横軸の区分間隔の取り方が不適切な場合には，くしの歯型になることがある。　〔28〕

⑤ ヒストグラムには，許容の上下限値が示されることがある。　〔29〕

解答欄

〔25〕	〔26〕	〔27〕	〔28〕	〔29〕

アロー・ダイヤグラム法で用いる図法の例を示すが，その中で誤りを含まないものには〇を，誤りを含むものには×を解答欄に記入しなさい。

①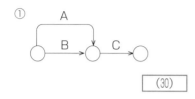

(30)

②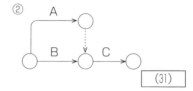

(31)

③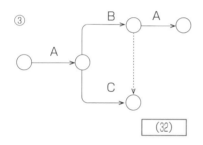

(32)

④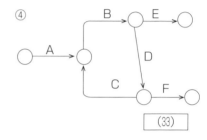

(33)

⑤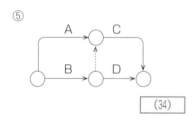

(34)

解答欄

(30)	(31)	(32)	(33)	(34)

問 8

図は，新 QC 七つ道具のひとつである PDPC 法の図である。この図は作業 P〜作業 T を遂行するためのものであるとする時，次の [   ] 内に入るべき適切な記述を次の選択肢から選び，解答欄に記入しなさい。

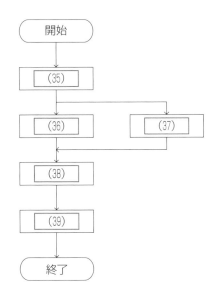

選択肢

ア．作業 Q または作業 R が完了したら，作業 S を行う。

イ．作業 S が完了したら，作業 T を行う。

ウ．作業 P を行う。

エ．作業 P が完了したら，作業 Q を行う。

オ．作業 Q が完了しなければ，作業 R を行う。

解答欄

(35)	(36)	(37)	(38)	(39)

問9 製造工程の管理に関する次の文章において、[   ]
内に入るもっとも適切なものを次の選択肢から選び、
その記号を解答欄に記入しなさい。ただし、同一の選
択肢を複数回用いることはないものとする。

　工程を管理するためには、管理[(40)]の決定が必須である。すべての製
造条件や製品の[(41)]に定められた[(40)]を管理することは非現実的で
あるので、[(42)]かつ測定の容易な[(40)]を選定し、この[(40)]につ
いて測定し管理をするのが実際的である。

　工程内で測定を行うときには、測定の環境条件が悪く、測定値に含まれる
測定の[(43)]が大きくなることがある。測定の[(43)]を小さくする方法
の中には、[(44)]の改善や測定器の管理が含まれる。

選択肢

ア．目的　　　イ．項目　　　ウ．使用法　　　エ．仕様
オ．かたより　カ．計測方法　キ．誤差　　　　ク．始点
ケ．終点　　　コ．ばらつき　サ．任意　　　　シ．重要

解答欄

(40)	(41)	(42)	(43)	(44)

問 10 検査には多くの種類があるが，次に示すような内容の検査を何という用語で表すか。該当する適切な用語を次の選択肢から選び，解答欄に記入しなさい。ただし，同一の選択肢を複数回用いることはないものとする。

① 自主検査 　　　　　　　　　　　(45)
② 法定検査 　　　　　　　　　　　(46)
③ 定位置検査 　　　　　　　　　　(47)
④ 巡回検査 　　　　　　　　　　　(48)
⑤ 破壊検査 　　　　　　　　　　　(49)
⑥ 全数検査 　　　　　　　　　　　(50)

選択肢

ア．一定の場所の製品などを対象として行う検査
イ．巡回の際に検査対象を選んで行う検査
ウ．法律や社外規定のような外部の規定で定められてはいないが，自ら必要性を考えて実施する検査
エ．判定する対象のすべての対象を検査する検査
オ．検査対象の機能などが損なわれることを覚悟で行う検査
カ．法律で検査することが定められている検査

解答欄

(45)	(46)	(47)	(48)	(49)	(50)

問 11　工程能力指数を検討する分野において，次のような条件がわかっている場合，かたより度はどの程度になるか。もっとも近いものを次の選択肢から選び，その記号を解答欄に記入しなさい。ただし，規格の上限および下限をそれぞれ S_U，S_L と書くものとし，平均値を $\overline{X}$ とする。また，同一の選択肢を複数回用いることもあるものとする。

① $S_U = 100$，$S_L = 20$，$\overline{X} = 80$　　(51)
② $S_U = 100$，$S_L = 20$，$\overline{X} = 60$　　(52)
③ $S_U = 100$，$S_L = 20$，$\overline{X} = 40$　　(53)
④ $S_U = 100$，$S_L = 20$，$\overline{X} = 30$　　(54)
⑤ $S_U = 100$，$S_L = 20$，$\overline{X} = 20$　　(55)

選択肢

ア．0　　　イ．0.1　　　ウ．0.2　　　エ．0.3　　　オ．0.4
カ．0.5　　キ．0.6　　　ク．0.65　　ケ．0.7　　　コ．0.75
サ．0.8　　シ．0.85　　ス．0.9　　　セ．0.95　　ソ．1.0

解答欄

(51)	(52)	(53)	(54)	(55)

問12 管理図の作成に関する次の文章において，□□□内に入るもっとも適切なものを次の選択肢から選び，その記号を解答欄に記入しなさい。ただし，同一の選択肢を複数回用いることはないものとする。

手順1　(56)

手順2　(57)

手順3　群ごとにデータの範囲 R を求める。

手順4　群ごとの平均値 $\overline{X}$ の平均値 $\overline{\overline{X}}$ を求める。

手順5　(58)

手順6　(59)

手順7　管理線を記入する。

手順8　(60)

手順9　その他の必要事項を記入する。

選択肢

ア．群ごとの平均値 $\overline{X}$ と範囲 R をグラフ上に打点する。

イ．群ごとの範囲 R の平均値 $\overline{R}$ を求める。

ウ．群の大きさ n が2〜6程度になるような時系列データを収集する。

エ．管理線を計算する。

オ．群ごとにデータの平均値 $\overline{X}$ を求める。

解答欄

(56)	(57)	(58)	(59)	(60)

問13

$\overline{R} = 0.60$ であるような R 管理図において，その上方管理限界が1.20であるとき，$\overline{X}\text{-}R$ 管理図中の $\overline{X}$ の管理限界は中心線の上下にどれだけの幅で確保することが望ましいか。次に示す文章中の ☐ に入るべきもっとも適切なものを次の選択肢から選び，解答欄に記入しなさい。ただし，$\overline{X}\text{-}R$ 管理図用の係数表の一部を下に示す。

n	A_2	D_3	D_4
2	1.880	—	3.267
3	1.023	—	2.575
4	0.729	—	2.282
5	0.577	—	2.115
6	0.483	—	2.004
7	0.419	0.076	1.924

　$\overline{X}$ の管理限界線は，X の平均の平均 ☐61) を中心線として，☐62) のところにあり，R 管理図において，上方および下方の管理限界線は，それぞれ ☐63) および ☐64) で与えられる。A_2 や D_3，D_4 は統計学的に求められている定数である。

　ここでは，☐65) ＝0.60がわかっているので，それと ☐63) ＝1.20から，D_4＝2.00が求まる。これをもとに与えられた表より，$n = 6$ であることがわかるので，A_2＝0.483となる。したがって，$\overline{X}$ の管理限界幅は，以下のように求められる。

　　　　☐62) ＝±0.483×0.60＝±0.290

選択肢

ア．$\overline{X}$　　　イ．$\overline{\overline{X}}$　　　ウ．$\pm\overline{X}$　　　エ．$\pm\overline{\overline{X}}$

オ．$\overline{R}$　　　カ．$\pm\overline{R}$　　　キ．$A_2\overline{R}$　　　ク．$\pm A_2\overline{R}$

ケ．$D_3\overline{R}$　　　コ．$D_4\overline{R}$　　　サ．$\pm D_3\overline{R}$　　　シ．$\pm D_4\overline{R}$

解答欄

(61)	(62)	(63)	(64)	(65)

問 14 次の文章において， ___内に入るもっとも適切な
ものを次の選択肢から選び，その記号を解答欄に記入
しなさい。ただし，各選択肢を複数回用いることはな
いものとする。

① 製品の品質を継続的に向上させるためには，現状の品質水準が定められ
た範囲内にあるようにするための ⌈66⌉ 活動と，現状の品質水準を上
げるための ⌈67⌉ 活動を，あわせて行う必要がある。

② 製品の品質水準を保つためには，工程に異常があった場合に早期に発見
し，対策をとることが大切であり，そのためにはデータを時系列で扱う
⌈68⌉ などの手法の活用が効果的である。

③ 製品の品質水準を高めるためには， ⌈69⌉ を明確にすることが大切で
あり，その取り組みについて考えることは，５Ｗ１Ｈを基本として内容
を計画し，実行して，結果を確認し，適切な処置をするという ⌈70⌉
を回すことである。

選択肢

ア．改善 　　イ．改善目標 　　ウ．未然防止
エ．維持 　　オ．管理図 　　　カ．管理のサイクル
キ．解析 　　ク．特性要因図 　　コ.5Ｓ活動

解答欄

⑥⑥	⑥⑦	⑥⑧	⑥⑨	⑦⓪

問 15 特性要因図に関する次の文章において，☐☐☐内に入るもっとも適切なものを次の選択肢から選び，その記号を解答欄に記入しなさい。ただし，各選択肢を複数回用いることはないものとする。

① 特性要因図は，仕事の結果である ☐(71)☐ に影響する様々な ☐(72)☐ を整理，関連づけして，わかりやすく表したものであるので，それぞれの職場で取り上げた問題の解決に役に立つような使い方を工夫する必要があり，そのためには，特性要因図を作成する ☐(73)☐ をよく考えることが重要である。

(71)～(73)の選択肢

ア．目的　　　イ．特性　　　ウ．システム　　　エ．原因　　　オ．課題

② 特性要因図を作成するために意見を出し合うときは，頭の中で考えただけの意見では役に立たないため，☐(74)☐ に基づいた意見を出し合うことが重要である。

③ できあがった特性要因図は，日常的な要因管理に役に立つ。不適合品の発生など問題が生じたときに原因を追求し，そのつど特性要因図の要因にチェックマークを入れ，要因の ☐(75)☐ を行い，重要度の高い順に要因を管理する。

(74)，(75)の選択肢

ア．重みづけ　　　イ．事実　　　ウ．SDCA　　　エ．層別　　　オ．補償

解答欄

(71)	(72)	(73)	(74)	(75)

問 16 QC 的ものの見方・考え方に関する次の文章において，◯◯◯◯内に入るもっとも適切なものを次の選択肢から選び，その記号を解答欄に記入しなさい。ただし，各選択肢を複数回用いることはないものとする。

① 仕事を進める上で，結果だけではなく，結果を生み出すしくみややり方に着目し，これを向上させるように管理する考え方を ⑺⑹ という。

② 管理された状態で作られたものでも，品質特性はばらつくが，この要因を経験や勘ばかりに頼らずに，データで客観的に把握する考え方を ⑺⑺ という。

③ ものづくりの工程には，多くの管理・改善すべき項目があるが，その中で特に重要と思われる項目に絞って管理する考え方を ⑺⑻ という。

④ お客様の満足を目指して活動を行う考え方を ⑺⑼ といい，お客様の満足度を常に高めていくことが重要である。

⑤ 自らの仕事の受け手は，みんなお客様であると考えて，本当に良い仕事を後工程にお渡しするという考え方を ⑻⓪ という。

選択肢

ア．顧客指向	イ．なぜなぜ分析	ウ．プロセス重視
エ．ばらつきの管理	オ．事実に基づく管理	カ．後工程はお客様
キ．重点指向	ク．前工程優先	ケ．未然防止

解答欄

⑺⑹	⑺⑺	⑺⑻	⑺⑼	⑻⓪

第**4**回

模擬テスト

問題

問 1 品質管理に関する次の文章において，□□□内に入るもっとも適切なものを次の選択肢から選び，その記号を解答欄に記入しなさい。ただし，各選択肢を複数回用いることはないものとする。

　品質管理において用いられる　(1)　という用語は，物品として提供される　(1)　にとどまらず，有形無形の商品や　(2)　，あるいはこれらを組み合わせたものを指す。　(3)　で製造される　(1)　だけでなく，その　(1)　を提供するための物流や　(4)　における　(2)　も含まれる。さらには，病院や理髪店，　(5)　など有形のものを提供することがない場合の　(2)　も（かなり広い意味ではあるが）広い意味での　(1)　としてとらえられる。

選択肢

ア．不満　　　　　イ．苦情　　　　　ウ．製品
エ．クレーム　　　オ．サービス　　　カ．商工会議所
キ．小売り　　　　ク．官庁　　　　　ケ．工場

解答欄

(1)	(2)	(3)	(4)	(5)

問 2 製品に関する次の文章において，□□□内に入るもっとも適切なものを次の選択肢から選び，その記号を解答欄に記入しなさい。ただし，同一の選択肢を複数回用いることはないものとする。

日本において高度経済成長が達成される以前のように，物資が不足していた時代には，工場で (6) すればするだけ (7) が売れた時代があった。

しかし，今日では物資は豊富になり，売れる (7) を (6) しなければ企業は成り立たない時代になっている。消費者や使用者の要求する (8) を的確に把握し，これを満たす (7) でなくては買ってもらえない時代である。

このことは，従来型の立場である生産者の事情を優先した (9) という考え方ではなく，消費者志向の (10) という考え方を重視した活動が重要であることを意味している。

選択肢

ア．品質　　イ．物資　　ウ．製品　　エ．マーケットイン

オ．生産　　カ．生産者　　キ．消費者　　ク．プロダクトアウト

解答欄

(6)	(7)	(8)	(9)	(10)

問3 生産における管理に関する次の文章において，□□□内に入るもっとも適切なものを次の選択肢から選び，その記号を解答欄に記入しなさい。ただし，各選択肢を複数回用いることはないものとする。

　生産における管理の内容には，| (11) |によっていくつもの分類がある。工程における| (12) |発生の多くが生産の際の| (13) |などの変化に関連して起こっていることが認められることから，このような変化の際に起こる変動を未然に防ごうとする管理を| (14) |という。

　| (14) |と似た用語であるが，| (15) |とは，製品の型式や仕様に関連する変更を開発や設計の段階において，それらの書類を中心に管理することをいう。また，| (16) |とは，工場の移転や生産方式の変更，生産量の大幅な変更などの大きな工程変更においてなされる管理をいう。

選択肢

ア．運転管理　　　　イ．不適合　　　　　ウ．初期流動管理

エ．5 S　　　　　　オ．4 M　　　　　　カ．5 M

キ．生産管理　　　　ク．品質管理　　　　ケ．変化点管理

コ．変更管理　　　　サ．改善点　　　　　シ．着眼点

解答欄

(11)	(12)	(13)	(14)	(15)	(16)

問4　次の式を計算するとどのようになるか。それぞれの
　　　　　内に入るもっとも適切な数値を次の選択肢か
　　　　ら選び，その記号を解答欄に記入しなさい。ただし，
　　　　同一の選択肢を複数回用いることはないものとする。

① $\displaystyle\sum_{n=1}^{3}(n-1)^2$　　　　　　　　　　　　　　(17)

② $\displaystyle\sum_{n=1}^{4}\frac{n(n-1)}{2}$　　　　　　　　　　　　　(18)

③ $\displaystyle\sum_{n=1}^{3}\frac{1}{n(n+1)}$　　　　　　　　　　　　(19)

選択肢

ア．1	イ．2	ウ．3	エ．4	オ．5
カ．6	キ．7	ク．8	ケ．9	コ．10
サ．$\frac{1}{2}$	シ．$\frac{1}{3}$	ス．$\frac{1}{4}$	セ．$\frac{3}{4}$	ソ．$\frac{1}{5}$
タ．$\frac{2}{5}$	チ．$\frac{3}{5}$	ツ．$\frac{4}{5}$	テ．$\frac{1}{6}$	ト．$\frac{5}{6}$

解答欄

(17)	(18)	(19)

統計データxの測定値をx_i，また，その真の値をx_t，かたより誤差をμ_x，ばらつき誤差を$e_{x,i}$で表すとき，データの大きさがきわめて大きい場合において，次の関係式が正しければ○を，誤っていれば×を解答欄に記入しなさい。ただし，$<x_i>$はx_iの平均値を意味する記号とする。

① $x_i = x_t + \mu_x + e_{x,i}$ | 20 |
② $<e_{x,i}> = 0$ | 21 |
③ $<x_i> = x_t + \mu_x$ | 22 |
④ $<x_i - \mu_x> = x_t$ | 23 |
⑤ $<x_t + \mu_x + e_{x,i}> = x_t$ | 24 |

解答欄

20	21	22	23	24

問6

2つの正数 a および b の平均を $M(a, b)$ で表す時，その $M(a, b)$ には次のような性質があるという。

A．$M(a, b)$ は a および b と同じ次元を有する。

B．$M(a, b) = M(b, a)$

C．$a = b$ の時，$M(a, b) = a = b$

次の各式において，上に記した平均の性質をすべて有しているものには○を，そうでないものには×を記入しなさい。ただし，$\ln$ は自然対数を表すものとする。

① $M(a, b) = \dfrac{a+b}{2}$ 　　　㉕

② $M(a, b) = \sqrt{ab}$ 　　　㉖

③ $M(a, b) = \dfrac{ab}{a+b}$ 　　　㉗

④ $M(a, b) = \dfrac{a^2+b^2}{a+b}$ 　　　㉘

⑤ $M(a, b) = \dfrac{a+b}{\ln a + \ln b}$ 　　　㉙

解答欄

㉕	㉖	㉗	㉘	㉙

変量 x を横軸にとったヒストグラムにおいて，ヒストグラムの区間幅 h，中央の区間の中心値を x_0（仮の平均値），各区間の中心値を x_i $(i = 1 \sim n)$，その度数を f_i とする時，次の量 u_i を導入する。

$$u_i = \frac{x_i - x_0}{h}$$

この u_i は，各区間に付される整数であって，中央の区間が0，それより x が大なるものに正の整数，それより x が小なるものに負の整数を順に割り振るものとなる。このヒストグラム・データから平均値 $\overline{x}$ と標準偏差 s を求める次の文章において，⬚内に入るもっとも適切なものを次の選択肢から選び，その記号を解答欄に記入しなさい。ただし，同一の選択肢を複数回用いることはないものとする。

この場合，平均値 $\overline{x}$ を求める式としては次式が用いられる。

$$\overline{x} = x_0 + \frac{\sum\limits_{i=1}^{n} u_i f_i}{\boxed{(30)}} \times \boxed{(31)}$$

また，標準偏差 s を求める式としては次式が用いられる。

$$s = \boxed{(31)} \times \sqrt{\frac{1}{\boxed{(32)}}\left[\sum_{i=1}^{n} u_i^2 f_i - \frac{\left(\sum\limits_{i=1}^{n} u_i f_i\right)^2}{\boxed{(30)}}\right]}$$

選択肢

ア．-1	イ．0	ウ．1	エ．2
オ．$h-1$	カ．h	キ．$h+1$	ク．$h+2$
ケ．$n-1$	コ．n	サ．$n+1$	シ．$n+2$

解答欄

(30)	(31)	(32)

問8 散布図とは，2つの変量の間の関係を把握しやすくするために，座標軸上の平面にプロットされたものである。その図には相関係数 r が付記されることもある。次の5つの散布図において，不適切な情報を含まないものに〇を，不適切な情報を含むものに×を，それぞれ解答欄に記入しなさい。

① y ｜ $r \fallingdotseq -0.5$

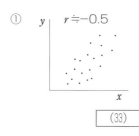

(33)

② y ｜ $r \fallingdotseq -0.7$

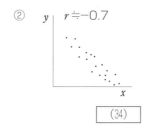

(34)

③ y ｜ $r \fallingdotseq 0$

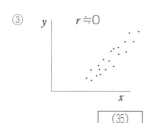

(35)

④ y ｜ $r \fallingdotseq -0.5$

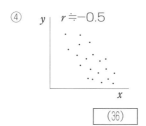

(36)

⑤ y ｜ $r \fallingdotseq 0$

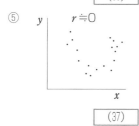

(37)

解答欄

(33)	(34)	(35)	(36)	(37)

問9 品質に関する次の文章において，□□□□内に入るもっとも適切なものを次の選択肢から選び，その記号を解答欄に記入しなさい。ただし，各選択肢を複数回用いることはないものとする。

① 品質とは，製品などに本来備わっている特性の集まりが，要求事項を満たす ⑧ のことで，その特性を品質特性という。

② できばえの品質は， ⑨ 品質ともいわれるもので，できあがった製品の品質が狙った品質にどの程度合致しているかを評価する。

③ 要求される特性を直接測定するのが困難な場合，要求される特性と一定の関係にある ⑩ 特性を測定することがある。

④ 見た目，味，肌触りなど，人間の感覚器官により評価・判断される特性を ⑪ 特性という。

⑤ ねらいの品質とは，製造の目標として狙った品質のことで， ⑫ 品質ともいわれる。

選択肢

ア．仕様　　イ．代用　　ウ．契約　　エ．設計　　オ．条件

カ．程度　　キ．官能　　ク．感性　　ケ．製造　　コ．交換

解答欄

⑧	⑨	⑩	⑪	⑫

問 10

近年の技術進歩によって高甘味度甘味料には多くのものが出回っている。その中で，ストロベリー・フレーバー（イチゴの風味を模倣する香り）については，次の7項目が評価されることが一般的となっている。

1．匂いの立ち　　　　　2．後残り
3．ボリューム感　　　　4．トップインパクト
5．トップのフルーツ感　6．グリーン感
7．シュガリーな甘さ

　ある年のストロベリー・フレーバーの品評会に出品された銘柄がP，Q，RおよびSの4品で，これらを対象として次の4項目について評価が行われた。

1．匂いの立ち　　　　　2．後残り
3．ボリューム感　　　　4．トップインパクト

　その結果，次表のような評価が得られた。この評価について，Sを4点，Aを3点，Bを2点，Cを1点として数値化した場合の，銘柄ごとの評点合計はどのようになるか。該当する適切な数値を次の選択肢から選び，解答欄に記入しなさい。

評価項目 ＼ 銘柄	P	Q	R	S
匂いの立ち	S	C	S	A
後残り	A	B	A	C
ボリューム感	A	B	S	C
トップインパクト	B	C	B	B
評点合計	㊸	㊹	㊺	㊻

選択肢

ア.0	イ.1	ウ.2	エ.3	オ.4
カ.5	キ.6	ク.7	ケ.8	コ.9
サ.10	シ.11	ス.12	セ.13	ソ.14

解答欄

(43)	(44)	(45)	(46)

問 11 検査の性質あるいは行われる場所によって分類される次のような検査は何といわれるか。該当する適切な用語を次の選択肢から選び，解答欄に記入しなさい。ただし，同一の選択肢を複数回用いることはないものとする。

① 品物を破壊したり，商品価値が下がったりするような方法で行われる検査 〔47〕

② 検査対象を破壊することなく，また，商品価値も下がらない方法によって行われる検査 〔48〕

③ 時間が変わっても，サンプルを抜き取る位置が固定される検査 〔49〕

④ 工程内において，検査員が工程をパトロールする際に行う検査 〔50〕

選択肢

ア．抜取検査　　　イ．非破壊検査　　　ウ．破壊検査

エ．巡回検査　　　オ．官能検査　　　カ．定位置検査

解答欄

〔47〕	〔48〕	〔49〕	〔50〕

問 12 工程能力指数は，一般に規格の上下限が設定される場合に用いられるが，時には規格上限のみ，あるいは規格下限のみが設定されている場合にも用いられることがある。これらに関する次の文章において， _____ 内に入るもっとも適切なものを次の選択肢から選び，その記号を解答欄に記入しなさい。ただし，同一の選択肢を複数回用いることはないものとする。

　上下限の両方に規格限界がある場合には，規格上限値を S_U，下限値を S_L として，対象の平均を $\overline{X}$，その標準偏差を s とするとき，工程能力指数 C_p は次のように表される。

$$C_p = \boxed{\text{(51)}}$$

　しかし，規格限界が片側にしかない場合もあり，上限規格だけが存在する場合の工程能力指数 C_p は，次のようになる。

$$C_p = \boxed{\text{(52)}}$$

　また，下限規格だけが存在する場合の工程能力指数 C_p は，次式で表される。

$$C_p = \boxed{\text{(53)}}$$

選択肢

ア. $\dfrac{S_U - S_L}{3s}$　　イ. $\dfrac{S_U - S_L}{4s}$　　ウ. $\dfrac{S_U - S_L}{5s}$　　エ. $\dfrac{S_U - S_L}{6s}$

オ. $\dfrac{S_U - \overline{X}}{3s}$　　カ. $\dfrac{S_U - \overline{X}}{4s}$　　キ. $\dfrac{S_U - \overline{X}}{5s}$　　ク. $\dfrac{S_U - \overline{X}}{6s}$

ケ. $\dfrac{\overline{X} - S_L}{3s}$　　コ. $\dfrac{\overline{X} - S_L}{4s}$　　サ. $\dfrac{\overline{X} - S_L}{5s}$　　シ. $\dfrac{\overline{X} - S_L}{6s}$

解答欄

(51)	(52)	(53)

問 **13**	計量値に関する管理図の体系について次のようにまとめた系統樹において，□□□□□に入るべきもっとも適切な語句を次の選択肢から選び，解答欄に記入しなさい。ただし，同一の選択肢を複数回用いることはないものとする。

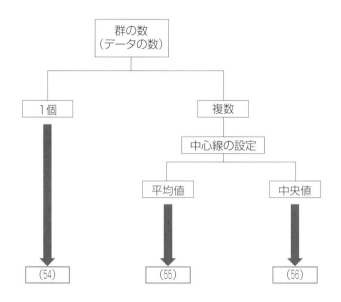

選択肢

ア．$\overline{X}$管理図　　　　　　イ．R管理図

ウ．メディアン管理図　　　エ．$\overline{X}-R$管理図

オ．$X-$移動範囲管理図　　カ．メディアン$-R$管理図

キ．p管理図　　　　　　　ク．np管理図

ケ．c管理図　　　　　　　コ．u管理図

解答欄

(54)	(55)	(56)

職場における管理項目にも多くのものがあるが，次に示すそれぞれの内容を一般にいわれる QCDPSME の 7 分類に分類するとどうなるか。 _____ 内に入るもっとも適切なものを QCDPSME の中から選んでその記号を解答欄に記入しなさい。ただし，同一のアルファベットを複数回用いることもあるものとする。

① 客先からの苦情を減らすように努力する。 | [57] |
② 経費節減に努める。 | [58] |
③ 設備の稼働率を向上させる。 | [59] |
④ 自動機器を導入して省力化を行う。 | [60] |
⑤ 製品のばらつきを低減する。 | [61] |
⑥ 職場を明るく楽しくするように努力する。 | [62] |
⑦ 災害事故を減少させるように努力する。 | [63] |
⑧ 工場の在庫を減少させる。 | [64] |
⑨ 出勤率を向上させる。 | [65] |
⑩ 二酸化炭素の排出量を減少させる。 | [66] |

解答欄

(57)	(58)	(59)	(60)	(61)	(62)	(63)	(64)	(65)	(66)

問15　職場においてよく用いられる用語に関する次の文章において、＿＿＿＿内に入るもっとも適切なものを次の選択肢から選び、その記号を解答欄に記入しなさい。ただし、同一の選択肢を複数回用いることはないものとする。

　職場においてよく用いられる用語として、三現主義と５ゲン主義がある。三現主義とは、実際の物を大切にすべきという　　67　、実際の場所を大切にすべきという　68　、そして、事実を重視すべきという　69　からなっている。また、これに追加されて５ゲン主義となったものとしては、物事の本来の道理を重視するべきという　70　と、根本の法則を大切にすべきという　71　がある。

選択肢

ア．現場　　　イ．原価　　　ウ．現地　　　エ．原則
オ．限界　　　カ．原因　　　キ．現物　　　ク．原理
ケ．原文　　　コ．現況　　　サ．原形　　　シ．現在
ス．現実

解答欄

(67)	(68)	(69)	(70)	(71)

問 16 次のそれぞれの記述について，正しいものには〇を，正しくないものには×を解答欄に記入しなさい。

① 「後工程はお客様」という考え方は，社外向けのものであり，社内には当てはまらない。 ⬚(72)

② インプットをアウトプットに変換する，相互に関連し，または相互に作用する一連の活動を，プロセスという。 ⬚(73)

③ 製品について，部品・材料の受入れから出荷，サービスまでの一連の流れに沿って，各工程での管理項目や管理水準などを図表にしてまとめたものを，QC工程図という。 ⬚(74)

④ ビジネスは結果がすべてであるため，熟練者は初心者向けの作業標準にとらわれることなく，高い成果を目指して仕事を行うべきである。 ⬚(75)

⑤ 工程の異常を見つけたときは，すぐに応急処置を講じるとともに，再発防止を実施する必要がある。 ⬚(76)

⑥ 自動車のボディーのキズの数など，非連続量で評価するものは，品質特性ではない。 ⬚(77)

⑦ 自動車の乗り心地など，人の感覚により定性的に評価するものも，品質特性である。 ⬚(78)

⑧ もともと要求される品質特性の状況を完全に代用特性で表せるわけではないので，代用特性を決める際に，品質特性と代用特性の相関関係が明確でなくてもよい。 ⬚(79)

解答欄

(72)	(73)	(74)	(75)	(76)	(77)	(78)	(79)

86

第5回

模擬テスト

問題

問 1 統計的品質管理に関する次の文章において，□□□ 内に入るもっとも適切なものを次の選択肢から選び，その記号を解答欄に記入しなさい。ただし，同一の選択肢を複数回用いることはないものとする。

統計的品質管理とは，もっとも ____(1)____ 性が高く，かつ，マーケットにおいて ____(2)____ 性もある製品を，もっとも経済的に ____(3)____ するために ____(3)____ の全段階にわたって ____(4)____ 的な原理と ____(5)____ を活用することをいう。

選択肢

ア．数学	イ．化学	ウ．段階	エ．有用
オ．市場	カ．統計	キ．手法	ク．生産

解答欄

(1)	(2)	(3)	(4)	(5)

問2

標準に関する次の文章において，□□□内に入るもっとも適切なものを次の選択肢から選び，その記号を解答欄に記入しなさい。ただし，各選択肢を複数回用いることはないものとする。

標準に記載されている規定された数値を　(6)　という。それが規格による場合には　(7)　ということがある。　(6)　は　(8)　と　(8)　からの幅としての　(9)　からなるが，上限や下限などの形で表現される場合には　(10)　と呼ばれる。

選択肢

ア．作業値	イ．規格値	ウ．緩和値
エ．閾値	オ．基準値	カ．許容限界値
キ．標準値	ク．許容差	ケ．平均値

解答欄

(6)	(7)	(8)	(9)	(10)

問3 データの扱いに関する次の文章において，□□□□□内に入るもっとも適切なものを次の選択肢から選び，その記号を解答欄に記入しなさい。ただし，同一の選択肢を複数回用いることはないものとする。

ある製品の測定値が次のように得られている。

$$\{x_i\}\,(i = 1 \sim n)$$

このデータの大きさは □(11)□ であり，その総和は □(12)□ で表される。また，このデータの最大値を $x_{\max}$，最小値を $x_{\min}$ で表すと，このデータの範囲は □(13)□ で表せる。

さらに，このデータの相加平均を x_{mean} で表すと，データ x_i に関する残差は □(14)□ となる。

偏差平方和における偏差とは，本来は測定値と母平均の差のことであるが，一般にはデータの平均値との差である残差を用いて求められるので，偏差平方和 S は，□(15)□ で表される。

分散 V は，偏差平方和から □(16)□ として求められ，標準偏差は分散 V から □(17)□ として求められる。

選択肢

ア．1 イ．I ウ．n

エ．$\displaystyle\sum_{n=i}^{1} x_i$ オ．$\displaystyle\sum_{i=n}^{1} x_i$ カ．$\displaystyle\sum_{n=1}^{i} x_i$

キ．$\displaystyle\sum_{i=1}^{n} x_i$ ク．$x_{\max} - x_{\min}$ ケ．$x_{\min} - x_{\max}$

コ．$x_i - x_{\min}$ サ．$x_i - x_{\max}$ シ．$x_i - x_{\mathrm{mean}}$

ス．$\displaystyle\sum_{i=1}^{n} (x_i - x_{\mathrm{mean}})^2$ セ．$\displaystyle\sum_{i=1}^{n} (x_i - x_{\min})^2$ ソ．$\displaystyle\sum_{i=1}^{n} (x_{\max} - x_{\min})^2$

タ．$\displaystyle\sum_{i=1}^{n} (x_i - x_{\max})^2$ チ．$\dfrac{S}{n-1}$ ツ．$\dfrac{S}{n+1}$

テ．$\dfrac{S}{n}$ ト．V^2 ナ．$\sqrt{V}$

ニ．$\sqrt[3]{V}$ ヌ．V^{-1} ネ．V^{-2}

解答欄

(11)	(12)	(13)	(14)	(15)	(16)	(17)

問4 計数値および計量値に関する次のそれぞれの記述について，正しいものには〇を，正しくないものには×を解答欄に記入しなさい。

① 計数値が加工されて平均値や標準偏差になっても，それは計数値として扱われる。 ⑱

② あるクラスの出席者数を在籍者数で割って求める出席率は，一般に整数にならないので，計数値ではなくて計量値である。 ⑲

③ 計数値は通常整数であるが，その平均値は一般に整数ではなくなるものの，計数値の平均値は計量値ではなくて，計数値として扱われる。 ⑳

④ バイトという単位で表されるコンピュータ・メモリは，計数値である。 ㉑

⑤ 水泳の公式記録は，最小単位が0.01秒単位で表されるので，計数値とみなされる。 ㉒

解答欄

⑱	⑲	⑳	㉑	㉒

92

問 5 製品のロットに関する次のそれぞれの記述について，正しいものには○を，正しくないものには×を解答欄に記入しなさい。

① 等しい条件のもとで製造され，あるいは製造されたとみられる製品の集まりをロットという。　　　　　　　　　㉓

② 母集団，サンプルおよびデータという分類をする場合，ロットはサンプルに分類され，母集団として扱われることはありえない。　　　㉔

③ 1 日に製造されるロットの数をロットサイズあるいはロットの大きさという。　　　　　　　　　　　　　　㉕

④ 母集団は有限母集団と無限母集団に区分されるが，ロットが母集団である場合には，そのロットは有限母集団に分類され，無限母集団に分類されることはない。　　　　　　　　　　　㉖

⑤ ロット品質とはロットの集団としての良さの程度をいい，それは不適合品率や単位量当たりの不適合品数によって表され，平均値を用いることはないものとする。　　　　　　　　　　　㉗

解答欄

㉓	㉔	㉕	㉖	㉗

問6 ヒストグラムの作成に関する次の文章において，
　　　　内に入るもっとも適切なものを次の選択肢から選び，その記号を解答欄に記入しなさい。ただし，同一の選択肢を複数回用いることはないものとする。

手順1　　(28)
手順2　　(29)
手順3　　(30)
手順4　区間の数を設定する。
手順5　　(31)
手順6　区間の境界値を決める。
手順7　区間の中心値を決める。
手順8　　(32)
手順9　　(33)
手順10　(34)
手順11　必要事項（目的，製品名，工程名，データ数，作成者，作成年月日等）を記入する。

選択肢
ア．データの最大値と最小値を求める。
イ．ヒストグラムを作成する。
ウ．区間の幅を決める。
エ．データを集める。
オ．平均値や規格値の位置を記入する。
カ．データの度数を数えて，度数表を作成する。
キ．ヒストグラムを作成する特性を決める。

解答欄

(28)	(29)	(30)	(31)	(32)	(33)	(34)

問7

三角図（三角グラフ）は，QC 七つ道具のひとつに数えられるグラフの典型的な一例である。三角図としては正三角形が用いられることも多いが，時に直角二等辺三角形も用いられる。いま，$x+y+z=1$ となるような三変数において，直角二等辺三角形型の三角図上に与えられた点の z 座標を求めたい。正しいものを次の選択肢から選び，解答欄に記入しなさい。ただし，同一の選択肢を複数回用いることもあるものとする。

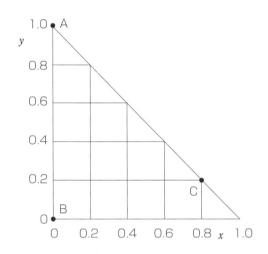

点 A，B および C の z 座標は，それぞれ ☐(35)☐，☐(36)☐ および ☐(37)☐ となる。

選択肢

ア．0.0	イ．0.1	ウ．0.2	エ．0.3	オ．0.4
カ．0.5	キ．0.6	ク．0.7	ケ．0.8	コ．0.9
サ．1.0	シ．1.1	ス．1.2	セ．1.3	ソ．1.4

解答欄

(35)	(36)	(37)

問8

散布図における相関の簡易判定法に象限判定表がある。その方法に関する次の文章において、□□□内に入るもっとも適切なものを次の選択肢から選び、その記号を解答欄に記入しなさい。ただし、同一の選択肢を複数回用いることはないものとする。

象限判定表の手順の概要は次のとおりである。

手順1　xy−散布図においての □38□ $\tilde{x}$ および y の □38□ $\tilde{y}$ を求める。

手順2　y 軸に平行な直線 $x = \tilde{x}$ を $\tilde{x}$ 線と、x 軸に平行な直線 $y = \tilde{y}$ を □39□ と呼ぶ。

手順3　$\tilde{x}$ 線と □39□ によって区切られる4つの領域を、右上から第1象限、反時計回りに、左上を第2象限、左下を第3象限、右下を第4象限と呼ぶ。

手順4　第1象限、第2象限、第3象限および第4象限に存在する点の数を数え、それぞれ n_1、n_2、n_3、n_4 とする。

手順5　相関関係を次のように考える。

① $n_1 + n_3 > n_2 + n_4$ であれば □40□ があるとみる。
② $n_1 + n_3 \gg n_2 + n_4$ であれば強い □40□ があるとみる。
③ $n_1 + n_3 < n_2 + n_4$ であれば □41□ があるとみる。
④ $n_1 + n_3 \ll n_2 + n_4$ であれば強い □41□ があるとみる。
⑤ $n_1 + n_3 \fallingdotseq n_2 + n_4$ であれば □42□ あるいは相関は弱いとみる。

選択肢

ア．モード　　　　イ．メディアン　　　ウ．ミーン
エ．$\bar{x}$ 線　　　　オ．$\bar{y}$ 線　　　　カ．$\tilde{x}$ 線
キ．$\tilde{y}$ 線　　　　ク．正の相関　　　　ケ．負の相関
コ．無相関

解答欄

(38)	(39)	(40)	(41)	(42)

96

一連の作業をする上で，作業名とその作業に必要な先行作業をまとめたものが次表のように与えられている。これをアロー・ダイヤグラムとして書き換えた時に正しい図は次のうちどれか。その記号を解答欄に記入しなさい。ただし，ダミー作業を破線で表すものとする。

作業	先行作業
A	－
B	A
C	B
D	C

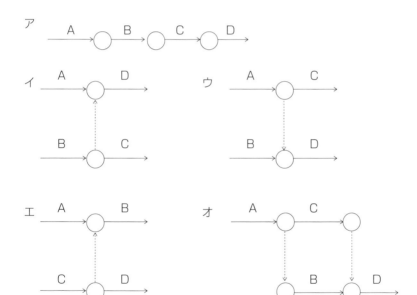

解答欄

(43)

97

問 10 次に示す手法の名称について，対応する図の番号を選択肢の中より選び，解答欄に記入しなさい。

① 親和図法　　　　　　　　　　　　　　　　　(44)
② 管理図　　　　　　　　　　　　　　　　　　(45)
③ マトリックス図法　　　　　　　　　　　　　(46)
④ ヒストグラム　　　　　　　　　　　　　　　(47)
⑤ 特性要因図　　　　　　　　　　　　　　　　(48)

選択肢

ア
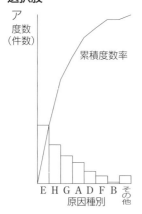

イ

ウ

異常項目	A工程	B工程	C工程
回転不良	正	下	一
劣化	丁	一	丁
液漏れ	下		下
腐食	一	一	正
その他	丁	一	下

エ
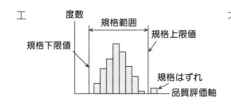

オ

カ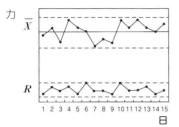

キ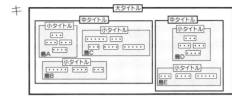

ク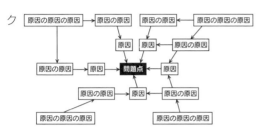

ケ

A\B	b_1	b_2	$\cdots$	b_j	$\cdots$	b_n
a_1						
a_2						
$\cdots$						
a_i						
$\cdots$						
a_m						

コ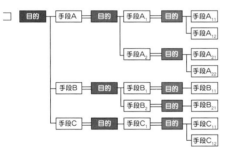

サ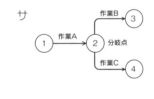

解答欄

(44)	(45)	(46)	(47)	(48)

官能検査において，次のような内容を示す用語は何か。該当する適切な用語を次の選択肢から選び，解答欄に記入しなさい。ただし，同一の選択肢を複数回用いることはないものとする。

① 試料が有する属性を総合的に評価する方法 (49)
② 試料どうしの直接的な比較を行わず，官能評価試験員のそれぞれが有する基準によって評価する方法 (50)
③ 比較対象との直接的な比較によって評価する方法 (51)

選択肢

ア．客観評価　　　イ．主観評価　　　ウ．絶対評価
エ．相対評価　　　オ．総合評価　　　カ．単一評価

解答欄

(49)	(50)	(51)

問12

工程能力指数とそれに基づく工程能力の判断に関する次の表において，_____内に入るもっとも適切なものを次の選択肢から選び，その記号を解答欄に記入しなさい。ただし，同一の選択肢を複数回用いることはないものとする。

工程能力指数C_pの値	工程能力の判断
$C_p \geqq 1.67$	(52)
$1.67 > C_p \geqq 1.33$	(53)
$1.33 > C_p \geqq 1.00$	(54)
$1.00 > C_p \geqq 0.67$	(55)
$0.67 > C_p$	(56)

選択肢

ア．工程能力は若干不足している

イ．工程能力は非常に不足している

ウ．工程能力は十分とまではいえないが，まずまずである

エ．工程能力は十分すぎる

オ．工程能力は十分である

解答欄

(52)	(53)	(54)	(55)	(56)

101

$\overline{X}-R$管理図に関する次の文章において，□に入る適切な数字を次の選択肢から選び，解答欄に記入しなさい。ただし，同一の選択肢を複数回用いることもあるものとする。

① $\overline{X}$管理図においてもっとも長い連の長さは ⑤⑦ である。
② $\overline{X}$管理図において連続して下降しているものの最大の長さは ⑤⑧ である。
③ $\overline{X}$管理図において連続して上昇しているものの最大の長さは ⑤⑨ である。
④ $\overline{X}$管理図において限界線を越えて外れているものの数は ⑥⓪ 点である。
⑤ R管理図において限界線を越えて外れているものの数は ⑥① 点である。

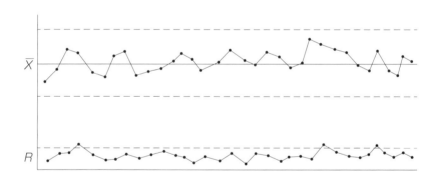

選択肢

ア．0	イ．1	ウ．2	エ．3	オ．4
カ．5	キ．6	ク．7	ケ．8	コ．9

解答欄

⑤⑦	⑤⑧	⑤⑨	⑥⓪	⑥①

問14 QC ストーリーの一般的な検討の流れに関する次の図において, ___ 内に入るもっとも適切なものを次の選択肢から選び, その記号を解答欄に記入しなさい。ただし, 同一の選択肢を複数回用いることはないものとする。

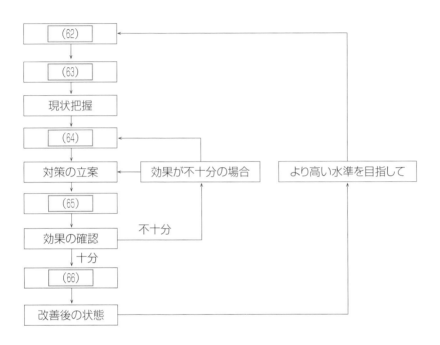

選択肢

ア. 問題点の把握　　イ. 要因の検討　　　ウ. 要因の解析
エ. 対策の実施　　　オ. 反省会の実施　　カ. 標準化の設定
キ. 改善目標の設定　ク. アンケートの実施　ケ. 市場調査の実施

解答欄

(62)	(63)	(64)	(65)	(66)

次の文章において，☐☐☐☐内に入るもっとも適切な
ものを次の選択肢から選び，その記号を解答欄に記入
しなさい。ただし，**各選択肢を複数回用いることはな
いものとする**。

① 問題が発生したときに，作業方法などに対して原因を調査し，その原因
を取り除き，再び同じ原因で問題が発生しないように ☐67☐ を行うこ
とを ☐68☐ 活動といい，この活動は ☐69☐ 対策ともいう。
② 将来発生する可能性がある不具合や不適合，またはその他で望ましくな
い状況を引き起こすと思われる潜在的な原因を取り除くことを ☐70☐
活動といい，この活動には，問題の発生を事前に防ぐ処置と，発生した
としても ☐71☐ な影響を引き起こさないようにする処置とがある。

選択肢

ア．源流管理　　　イ．再発防止　　　ウ．歯止め　　　エ．未然防止
オ．見える化　　　カ．恒久　　　　　キ．暫定的　　　ク．致命的

解答欄

(67)	(68)	(69)	(70)	(71)

104

問 16 方針管理に関する次の文章において，正しいものには○を，正しくないものには×を解答欄に記入しなさい。

① 方針管理は，企業における製品・サービスの開発や，品質などの競争力の維持・改善活動などを効果的に推し進めるために運営される。 (72)

② 方針管理が組織内で運用されている場合，日常の維持管理を行う必要はない。 (73)

③ 方針管理を効果的に実施するためには，上司やトップの方針を達成するための実施計画書が具体的に作成されている必要がある。 (74)

④ 方針管理では，その年度の達成状況をつかんだら終わりとし，次の年度の方針はその年度と関連させることなく立てればよい。 (75)

⑤ 方針管理を効果的に推し進めるためには，全員の進むべき方向や目標が明確にされている必要がある。 (76)

解答欄

(72)	(73)	(74)	(75)	(76)

付表 正規分布表

（Ⅰ） K_P から P を求める表

K_P	*=0	1	2	3	4	5	6	7	8	9
0.0*	.5000	.4960	.4920	.4880	.4840	.4801	.4761	.4721	.4681	.4641
0.1*	.4602	.4562	.4522	.4483	.4443	.4404	.4364	.4325	.4286	.4247
0.2*	.4207	.4168	.4129	.4090	.4052	.4013	.3974	.3936	.3897	.3859
0.3*	.3821	.3783	.3745	.3707	.3669	.3632	.3594	.3557	.3520	.3483
0.4*	.3446	.3409	.3372	.3336	.3300	.3264	.3228	.3192	.3156	.3121
0.5*	.3085	.3050	.3015	.2981	.2946	.2912	.2877	.2843	.2810	.2776
0.6*	.2743	.2709	.2676	.2643	.2611	.2578	.2546	.2514	.2483	.2451
0.7*	.2420	.2389	.2358	.2327	.2296	.2266	.2236	.2206	.2177	.2148
0.8*	.2119	.2090	.2061	.2033	.2005	.1977	.1949	.1922	.1894	.1867
0.9*	.1841	.1814	.1788	.1762	.1736	.1711	.1685	.1660	.1635	.1611
1.0*	.1587	.1562	.1539	.1515	.1492	.1469	.1446	.1423	.1401	.1379
1.1*	.1357	.1335	.1314	.1292	.1271	.1251	.1230	.1210	.1190	.1170
1.2*	.1151	.1131	.1112	.1093	.1075	.1056	.1038	.1020	.1003	.0985
1.3*	.0968	.0951	.0934	.0918	.0901	.0885	.0869	.0853	.0838	.0823
1.4*	.0808	.0793	.0778	.0764	.0749	.0735	.0721	.0708	.0694	.0681
1.5*	.0668	.0655	.0643	.0630	.0618	.0606	.0594	.0582	.0571	.0559
1.6*	.0548	.0537	.0526	.0516	.0505	.0495	.0485	.0475	.0465	.0455
1.7*	.0446	.0436	.0427	.0418	.0409	.0401	.0392	.0384	.0375	.0367
1.8*	.0359	.0351	.0344	.0336	.0329	.0322	.0314	.0307	.0301	.0294
1.9*	.0287	.0281	.0274	.0268	.0262	.0256	.0250	.0244	.0239	.0233
2.0*	.0228	.0222	.0217	.0212	.0207	.0202	.0197	.0192	.0188	.0183
2.1*	.0179	.0174	.0170	.0166	.0162	.0158	.0154	.0150	.0146	.0143
2.2*	.0139	.0136	.0132	.0129	.0125	.0122	.0119	.0116	.0113	.0110
2.3*	.0107	.0104	.0102	.0099	.0096	.0094	.0091	.0089	.0087	.0084
2.4*	.0082	.0080	.0078	.0075	.0073	.0071	.0069	.0068	.0066	.0064
2.5*	.0062	.0060	.0059	.0057	.0055	.0054	.0052	.0051	.0049	.0048
2.6*	.0047	.0045	.0044	.0043	.0041	.0040	.0039	.0038	.0037	.0036
2.7*	.0035	.0034	.0033	.0032	.0031	.0030	.0029	.0028	.0027	.0026
2.8*	.0026	.0025	.0024	.0023	.0023	.0022	.0021	.0021	.0020	.0019
2.9*	.0019	.0018	.0018	.0017	.0016	.0016	.0015	.0015	.0014	.0014
3.0*	.0013	.0013	.0013	.0012	.0012	.0011	.0011	.0011	.0010	.0010

3.5	.2326 E-3
4.0	.3167 E-4
4.5	.3398 E-5
5.0	.2867 E-6
5.5	.1899 E-7

（Ⅱ） P から K_P を求める表(1)

P	.001	.005	0.01	.025	.05	.1	.2	.3	.4
K_P	3.090	2.576	2.326	1.960	1.645	1.282	.842	.524	.253

（Ⅲ） P から K_P を求める表(2)

P	*=0	1	2	3	4	5	6	7	8	9
0.00*	∞	3.090	2.878	2.748	2.652	2.576	2.512	2.457	2.409	2.366
0.0*	∞	2.326	2.054	1.881	1.751	1.645	1.555	1.476	1.405	1.341
0.1*	1.282	1.227	1.175	1.126	1.080	1.036	.994	.954	.915	.878
0.2*	.842	.806	.772	.739	.706	.674	.643	.613	.583	.553
0.3*	.524	.496	.468	.440	.412	.385	.358	.332	.305	.279
0.4*	.253	.228	.202	.176	.151	.126	.100	.075	.050	.025

模擬テスト
解答解説

模擬テスト 解答一覧

第1回模擬テスト

問 1

(1)	(2)	(3)	(4)	(5)
ウ	オ	エ	カ	ク

問 2

(6)	(7)	(8)	(9)	(10)
エ	ウ	エ	ウ	ア

問 3

(11)	(12)	(13)	(14)	(15)
○	×	×	○	○

問 4

(16)	(17)	(18)	(19)	(20)
イ	ア	エ	ケ	オ

問 5

(21)	(22)	(23)
サ	オ	ク

問 6

(24)	(25)	(26)	(27)	(28)
×	○	○	○	×

問 7

(29)	(30)	(31)	(32)
イ	ウ	ア	エ

問 8

(33)	(34)	(35)	(36)	(37)	(38)
オ	エ	イ	カ	ウ	ア

問 9

(39)	(40)	(41)	(42)	(43)	(44)	(45)	(46)	(47)	(48)
コ	オ	エ	イ	ウ	ア	ケ	カ	キ	ク

問 10

(49)	(50)	(51)	(52)	(53)
○	○	×	○	×

問 11

(54)	(55)	(56)	(57)
○	○	○	×

問 12

(58)	(59)	(60)	(61)	(62)
カ	ク	ウ	ア	ケ

問 13

(63)	(64)	(65)
キ	エ	コ

問 14

(66)	(67)	(68)	(69)	(70)
×	○	×	×	○

問 15

(71)	(72)	(73)	(74)	(75)	(76)	(77)	(78)
イ	ア	オ	ク	ウ	エ	カ	キ

問 16

(79)	(80)	(81)	(82)	(83)
○	○	×	×	○

問 17

(84)	(85)	(86)	(87)	(88)
イ	カ	セ	サ	ク

第2回模擬テスト

問 1

(1)	(2)	(3)	(4)
ウ	エ	オ	カ

問 2

(5)	(6)	(7)	(8)
カ	ウ	ア	オ

問 3

(9)	(10)	(11)	(12)	(13)
○	×	○	×	○

問 4

(14)	(15)	(16)	(17)	(18)
○	×	○	×	×

問 5

(19)	(20)	(21)	(22)	(23)
ク	ケ	カ	ウ	ア

問 6

(24)
カ

問 7

(25)	(26)	(27)	(28)	(29)
ケ	サ	オ	キ	ク

問 8

(30)	(31)	(32)	(33)
ア	エ	カ	ウ

問 9

(34)	(35)
ウ	ケ

問 10

(36)	(37)	(38)	(39)	(40)
イ	オ	ア	エ	ウ

問 11

(41)	(42)	(43)	(44)	(45)
○	○	×	○	×

問 12

(46)	(47)	(48)	(49)	(50)
オ	イ	エ	ウ	ア

問 13

(51)	(52)	(53)	(54)	(55)
×	○	○	○	×

問 14

(56)	(57)	(58)	(59)	(60)	(61)	(62)
ウ	ア	エ	イ	オ	キ	カ

問 15

(63)	(64)	(65)	(66)	(67)
オ	ウ	ア	イ	エ

問 16

(68)	(69)	(70)	(71)	(72)	(73)	(74)
×	○	○	×	×	×	×

第3回模擬テスト

問1

(1)	(2)	(3)	(4)
イ	カ	オ	ア

問2

(5)	(6)	(7)	(8)	(9)
○	○	×	○	○

問3

(10)	(11)	(12)	(13)	(14)
イ	エ	エ	ウ	イ

問4

(15)	(16)	(17)	(18)	(19)
×	×	×	×	○

問5

(20)	(21)	(22)	(23)	(24)
ウ	ク	ア	イ	サ

問6

(25)	(26)	(27)	(28)	(29)
○	×	×	○	○

問7

(30)	(31)	(32)	(33)	(34)
×	○	×	×	○

問 8

(35)	(36)	(37)	(38)	(39)
ウ	エ	オ	ア	イ

問 9

(40)	(41)	(42)	(43)	(44)
イ	エ	シ	キ	カ

問 10

(45)	(46)	(47)	(48)	(49)	(50)
ウ	カ	ア	イ	オ	エ

問 11

(51)	(52)	(53)	(54)	(55)
カ	ア	カ	コ	ソ

問 12

(56)	(57)	(58)	(59)	(60)
ウ	オ	イ	エ	ア

問 13

(61)	(62)	(63)	(64)	(65)
イ	ク	コ	ケ	オ

問 14

(66)	(67)	(68)	(69)	(70)
エ	ア	オ	イ	カ

問 15

(71)	(72)	(73)	(74)	(75)
イ	エ	ア	イ	ア

問 16

(76)	(77)	(78)	(79)	(80)
ウ	オ	キ	ア	カ

第4回模擬テスト

問 1

(1)	(2)	(3)	(4)	(5)
ウ	オ	ケ	キ	ク

問 2

(6)	(7)	(8)	(9)	(10)
オ	ウ	ア	ク	エ

問 3

(11)	(12)	(13)	(14)	(15)	(16)
シ	イ	オ	ケ	コ	ウ

問 4

(17)	(18)	(19)
オ	コ	セ

問 5

(20)	(21)	(22)	(23)	(24)
○	○	○	○	×

問 6

(25)	(26)	(27)	(28)	(29)
○	○	×	○	×

問 7

(30)	(31)	(32)
コ	カ	ケ

問 8

(33)	(34)	(35)	(36)	(37)
×	○	×	○	○

問 9

(38)	(39)	(40)	(41)	(42)
カ	ケ	イ	キ	エ

問 10

(43)	(44)	(45)	(46)
ス	キ	セ	ク

問 11

(47)	(48)	(49)	(50)
ウ	イ	カ	エ

問 12

(51)	(52)	(53)
エ	オ	ケ

問 13

(54)	(55)	(56)
オ	エ	カ

問 14

(57)	(58)	(59)	(60)	(61)	(62)	(63)	(64)	(65)	(66)
Q	C	P	C	Q	M	S	D	M	E

問 15

(67)	(68)	(69)	(70)	(71)
キ	ア	ス	ク	エ

問 16

(72)	(73)	(74)	(75)	(76)	(77)	(78)	(79)
×	○	○	×	○	×	○	×

第5回模擬テスト

問 1

(1)	(2)	(3)	(4)	(5)
エ	オ	ク	カ	キ

問 2

(6)	(7)	(8)	(9)	(10)
キ	イ	オ	ク	カ

問 3

(11)	(12)	(13)	(14)	(15)	(16)	(17)
ウ	キ	ク	シ	ス	チ	ナ

問 4

(18)	(19)	(20)	(21)	(22)
○	×	○	○	×

問 5

(23)	(24)	(25)	(26)	(27)
○	×	×	○	×

問 6

(28)	(29)	(30)	(31)	(32)	(33)	(34)
キ	エ	ア	ウ	カ	イ	オ

問 7

(35)	(36)	(37)
ア	サ	ア

問8

(38)	(39)	(40)	(41)	(42)
イ	キ	ク	ケ	コ

問9

(43)
ア

問10

(44)	(45)	(46)	(47)	(48)
キ	カ	ケ	エ	イ

問11

(49)	(50)	(51)
オ	ウ	エ

問12

(52)	(53)	(54)	(55)	(56)
エ	オ	ウ	ア	イ

問13

(57)	(58)	(59)	(60)	(61)
カ	キ	カ	ア	エ

問14

(62)	(63)	(64)	(65)	(66)
ア	キ	ウ	エ	カ

問 15

(67)	(68)	(69)	(70)	(71)
ウ	イ	カ	エ	ク

問 16

(72)	(73)	(74)	(75)	(76)
○	×	○	×	○

模擬テスト 解答解説

第1回模擬テスト

問 1 解説

　それぞれの ☐ に正しい語句を入れて完成させた文章を，次に示します。

　品質管理分野において用いられる製品という用語には，一般に次の2つの定義がある。

① 製品とは，工程（**プロセス**）の結果をいう。
② 製品とは，消費者に提供することを意図した**有形**・**無形**の商品，**サービス**，ハードウェア，**ソフトウェア**およびこれらを組み合わせたものをいう。

　プロセスとは，インプットをアウトプットに変換する，相互に関連するまたは相互に作用する一連の活動をいう。製品を受け取る組織または人を顧客（お客様）という。また，**サービス**には**有形**のものと**無形**のものとがあり，さらに，一般にハードウェアは**有形**であり，**ソフトウェア**は**無形**であることが多い。

解答

(1)	(2)	(3)	(4)	(5)
ウ	オ	エ	カ	ク

問 2 解説

　日常管理には，次の4つのステップがあり，**管理のサイクル**（各ステップの頭文字をとって，**PDCA** と略される）と呼ばれます。以前は，**PDS**（plan-do-see）といわれていました。実際には，P→D→C→A→P→D→C→A→…

と繰り返すことになります。

計画（プラン，P，plan）　　目的を決めて，達成に必要な計画を設定します。
実施（ドゥー，D，do）　　　計画に従って実行します。
確認（チェック，C，check）実行した結果を確認して評価します。
処置（アクト，A，act）　　　確認して評価した結果に基づいて適切な処置
　　　　　　　　　　　　　　（改善）をします。

　それぞれの□□□□□に正しいものを入れて完成させた図を，次に示します。

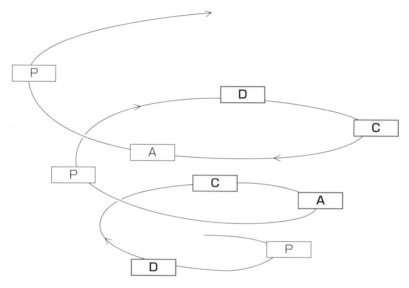

解答

(6)	(7)	(8)	(9)	(10)
エ	ウ	エ	ウ	ア

問3 解説

① 記述のとおりです。標準には，業界団体などで行われる標準もあり，これを団体標準あるいは業界標準などと呼んでいます。

② 記述は誤りです。国際的な標準化を国際標準化といいますが，電気分野で IEC，その他分野では ISO などで国際標準化が進められています。

③ EN とは欧州規格ですので，国家を超えるという意味では国際的ではありますが，欧州という地域に限定されていますので，世界に対する標準としての「国際標準」ではなくて，世界の中の，ある地域のものとしての地域標準に分類されます。

④ 標準の体系としては，国際標準を最上位として，次いで地域標準，国家標準，団体標準，社内標準というそれぞれの段階があります。記述のとおりです。

⑤ JIS（日本産業規格）や JAS（日本農林規格）も，日本の国内法に基づくもので，日本国内の国家標準に含まれます。

解答

(11)	(12)	(13)	(14)	(15)
○	×	×	○	○

問 **4** 解説

　母集団のうち，特定の条件のものだけを集めたものをロットといいます。ロットは一般に有限個の対象ですので，有限母集団と呼ぶこともあります。

　これに対して，数の特定のできない全体の集団を無限母集団ともいいます。ロットは通常，同一工程の同一条件で得られた製品などに対して使われる用語です。

　サンプリングをした結果でサンプル（標本）が得られます。それを測定したものがデータで，これをもとに検定や推定が行われます。その結果，工程に必要なアクションをとることになります。

　それぞれの □ に正しい語句を入れて完成させた図を，次に示します。

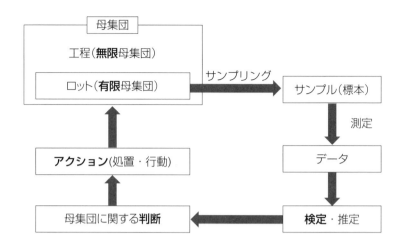

解答

(16)	(17)	(18)	(19)	(20)
イ	ア	エ	ケ	オ

問 **5** 解説

一見してびっくりするような式が並んでいますが，ひとつひとつみていきましょう。偏差平方和とは，名前のとおり偏差の平方和（2乗和）のことですから，偏差が $x_i - \bar{x}$（$\bar{x}$ は平均値）であったことを思い出しましょう。

すると，(21)は $\bar{x}$ になります。また，(22)は足し算の最後のものですから，x_n が該当します。(23)はデータの数になりますから，n となります。

これらの式は偏差平方和および平均値の定義式ですので，重要です。また，偏差平方和の記述式において，最後の式は統計の計算においてよく用いられる関係式ですので，これも頭に入れておいてください。

解答

(21)	(22)	(23)
サ	オ	ク

問6 解説

① 人間を構成する細胞数は，何十兆もあるといわれ，おそらくひとつひとつ数えることは現実的に無理でしょう。概算として求めることになるのでしょうが，そうであったとしても個数単位のものは計量値ではなくて計数値です。

② 記述のとおりです。面積は量であり，島の数は数（かず）であって個数で扱われるものですね。

③ 現在の世界の人口を，正確に数えることはたいへんかもしれませんが，数える数字なので計数値になります。

④ 数えるのはたいへんでしょうが，たいへんであっても，原理的に数えられるものであれば，計数値となります。

⑤ 率のようなものは基本的に整数にはなりませんが，そのもとの数字が計数値であれば，加工された数値も計数値として扱われます。結婚数を人口で割り算しますので，もとの結婚の数は計数値のはずですね。

解答

(24)	(25)	(26)	(27)	(28)
×	○	○	○	×

問7 解説

　式の形から，①および②はそれぞれ平均値からのずれ（偏差）の平方和，③が偏差を掛け算した積和であることがわかります。すると，残る④が相関係数になります。相関係数は2つの変量の間の関係ですので，r_{xx} や r_{yy} という記号はありえません。

　この問題はかなり基本的なもので，単純に定義式を問うものになっていますが，これらの式を計算で実際に自由に使えるように，よく練習しておいてください。

解答

(29)	(30)	(31)	(32)
イ	ウ	ア	エ

問 8 解説

ア. 左絶壁型になっていて不適合品を除去した分布とみられます。ばらつきを小さくするか，中心の位置を右側にずらす対策が必要と考えられます。

イ. データが規格範囲を外れてはいませんが，平均値や中心値がやや下限側に寄りすぎています。データの中心の位置を規格範囲の中央にずらす対策が必要です。

ウ. 規格範囲に対して相対的にもっともばらつきが小さいヒストグラムとなっています。規格範囲を縮小してもよいでしょう。あるいは，この規格範囲で十分であって，ばらつきを小さくするために費用が発生しているのであれば，その費用をある程度削減できる可能性もあると考えられます。

エ. 規格範囲に対してばらつきが少なく，平均値もそのほぼ中央に存在しています。きわめて望ましいヒストグラムといえるでしょう。標準偏差の6倍くらいであれば，工程に余裕のないものとみられ，8倍くらいの規格範囲であれば理想的な工程といえます。

オ. ばらつきが大きすぎるため，規格外れが発生しています。ばらつきを小さくするか，規格範囲を拡大する必要があるとみられます。

カ. 中心の位置はほぼ規格範囲の中央にありますが，ばらつきが規格範囲に対してかなり大きいため，ばらつきを小さく対策をとるか，規格範囲を拡大する必要があると考えられます。規格内に入ってはいますが，外れる可能性の大きい分布となっています。

解答

(33)	(34)	(35)	(36)	(37)	(38)
オ	エ	イ	カ	ウ	ア

要点整理

品質

本来備わっている特性の集まりが，要求事項を満たしている程度

要求事項

明示されている，通常暗黙のうちに了解されている，または義務として要求されているニーズや期待

プロセス

インプットをアウトプットに変換する，相互に関連・作用する一連の活動

製品

プロセスの結果

顧客

製品・サービスを受ける人または組織。お客様ともいう

顧客満足（CS）

顧客がもつ要望を製品・サービスが満たしていると顧客が感じていること。お客様満足ともいう

クレーム

顕在化した問題に対する，改善・補償などの要求

苦情

製品などについての，組織に対する不満の表現

お客様の声（VOC）

お客様の，製品などに対する要求事項。顧客の声ともいう

ねらいの品質

製造の目標として狙った品質。設計品質ともいう

できばえの品質

ねらいの品質を忠実に製造した実際の品質。製造品質ともいう

魅力的品質

充足されれば満足を与え，不充足でも仕方がないと受け取られる品質

当たり前品質

充足されて当たり前と受け取られ，不充足の場合は不満を引き起こす品質

用語の意味をしっかり
おさえておきましょう

問9 解説

それぞれの［　　　　　］に正しい語句を入れて完成させた文章を，次に示します。

　グラフには，各種の形の線が用いられるが，基本となる線として切れ目のない1本の線を**実線**という。**実線**の中でも，細いものを**細実線**，太いものを**太実線**ということがある。**実線**を2本，平行に並べると**二重線**になる。
　これらに対して，点を線状に並べて構成される線が**点線**であり，また，短い線分が線状に並べられるものを**破線**という。音読みをすると**破線**と読みが同じになるものとして**波線**がある。

さらに，線分と点が繰り返されることで構成される線を**鎖線**という。このうち，線分と線分の間に点がひとつであるものを**一点鎖線**，点が2つであるものを**二点鎖線**と呼んでいる。

解答

(39)	(40)	(41)	(42)	(43)	(44)	(45)	(46)	(47)	(48)
コ	オ	エ	イ	ウ	ア	ケ	カ	キ	ク

問 **10** 解説

① 記述のとおりです。PERT図はアロー・ダイヤグラムといわれることがあります。

② 記述のとおりです。破線で表示される作業は，ダミー作業と呼ばれます。

③ 作業Iの先行作業は，作業Gのみではなく，（ダミー作業Hを介して）作業Bも先行作業となります（作業Gと作業Hが先行作業と考えても結構です）。

④ 記述のとおりです。作業Eの先行作業は，作業Dと作業Jですね。

⑤ このプロジェクトは，A→B→C→D→Eの作業は最短9日に見えますが，作業Iは作業Gと作業Hが先行作業と考えられますので，A→B→H→I→J→Eの作業がどうしても10日を要します。したがって，最短というと10日になります。このA→B→H→I→J→Eのように時間的に余裕のない道（パス），すなわち全体の日程を規定してしまうパスを**クリティカルパス**と呼んでいます。

解答

(49)	(50)	(51)	(52)	(53)
○	○	×	○	×

① 確率分布は，確率変数に対する確率が負になることはなく，0以上の正の値をとり，すべての確率変数の確率を合わせると，必ず1になるという特徴をもちます。

② 二項分布は，生起する事象が"適合品である"と"不適合品である"といった2つの場合で，試行を独立に行う場合の分布をいいます。

③ 不適合品率 P の工程からサンプルを n 個ランダムに抜き取った場合，サンプル中に不適合品が x 個ある確率 P_x $(x=0,1,2,\cdots, n)$ は，次のように表せます。

$$P_x = {}_nC_x P^x (1-P)^{n-x}$$

④ 二項分布の確率の式 $P_x = {}_nC_x P^x (1-P)^{n-x}$ より，

$$
\begin{aligned}
{}_3C_1 P^1 (1-P)^{3-1} &= \frac{3!}{1!(3-1)!} \times 0.10^1 \times (1-0.10)^{3-1} \\
&= \frac{3 \times 2 \times 1}{1 \times (2 \times 1)} \times 0.10 \times 0.90^2 \\
&= 0.243
\end{aligned}
$$

$n!$は，1から始まるn個の整数全部の積のことで，$n!=1\times2\times3\times\cdots\times n$です

解答

(54)	(55)	(56)	(57)
○	○	○	×

問 **12** 解説

① パレート図とは，発生頻度を整理して，頻度の順に柱状グラフにし，累積度数を折れ線グラフで付加したものです。

② 連関図法とは，特性要因図に似ていますが，単にグルーピングして整理するだけでなく，原因と結果のメカニズムや因果関係を矢線で結んでまとめていく図を用います。

③ チェックシートとは，頻度情報を加筆しつつ整理できるようにした表をいいます。

④ PERT図法とは，プロジェクトなどを達成するために必要な作業の順序関係や相互関係を矢線で表すことによって，最適な日程計画を立てたり効率よく進度を管理したりするための手法です。

⑤ ヒストグラムとは，計量値のデータの分布を示した柱状のグラフに当たります。

解答

(58)	(59)	(60)	(61)	(62)
カ	ク	ウ	ア	ケ

問 **13** 解説

　維持するものは標準の管理によります。したがって，定まった**標準**を**管理**によって維持することとなります。そして，**改善**によって水準が上がることを向上といいます。

　向上した水準において，新たな標準をつくります。これを**標準**の改訂といいます。基準と標準は少し似た用語ではありますが，比べるもとになるものが基準であり，現状でもっとも妥当な水準が標準です。

63	64	65
キ	エ	コ

問 14 解説

　基本的に$\overline{X}$ **管理図**はかたよりを管理し，R **管理図**はばらつきを管理する図です。

① かたよりが増大する場合には $\overline{X}$ **管理図**に変化が出るはずです。
② 記述のとおりです。ばらつきが変わらないということは R **管理図**にはあまり変化がみられないということです。
③ $\overline{X}$ **管理図**に変化がみられ，R **管理図**には変化がみられないというのが正しいです。
④ ばらつきに変化がなくて，かたよりが増大するということは，周期的な変化ではないと考えられます。
⑤ 記述のとおりです。$\overline{X}$ **管理図**の点が上の方向のみ，あるいは下の方向のみ（つまり一方向）に中心線から離れる傾向がみられることになるでしょう。

解答

66	67	68	69	70
×	○	×	×	○

問 15 解説

　それぞれの□□□□□□に正しい語句を入れて完成させた体系図を，次に示します。群の大きさの差について，などそれぞれの違いをよく確認しておいてください。
　一般にあまり解説されていない以下の管理図について，若干の説明をしておきます。
c **管理図**（不適合数の管理図）　群の大きさが一定（検査サンプルの長さや

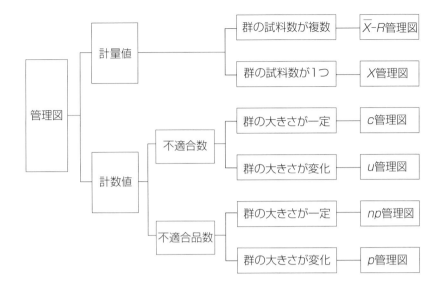

面積が一定）で，その群の不適合数を数えて管理します。

u 管理図（単位当たりの不適合数の管理図）　群の大きさが一定でない場合，不適合数を一定の長さや面積で割ったものとして，単位当たりの不適合数を数えて管理します。

np 管理図（不適合品数の管理図）　群の大きさが一定（生産個数や検査個数が一定）の場合に，その群の不適合数を数えて管理します。

p 管理図（不適合品率の管理図）　群の大きさが一定でない場合に，不適合品数を生産個数や検査個数で割って，その不適合品率を群ごとに求めて管理します。

解答

(71)	(72)	(73)	(74)	(75)	(76)	(77)	(78)
イ	ア	オ	ク	ウ	エ	カ	キ

問 **16** 解説

③⑤　品質管理活動の結果のまとめだけに限らず，品質管理活動に関係するあらゆる側面において有効に活用できるものです。

④ 記述は誤りです。このような活動は，暗黙知（暗黙のうちに皆が知って
いることになっていること）を形式知（マニュアル化など，形の上で見
えるようにすること）にする活動であるといわれます。

解答

(79)	(80)	(81)	(82)	(83)
○	○	×	×	○

問 **17** 解説

それぞれの [　　　] に正しい語句を入れて完成させた文章を，次に示しま
す。

日本品質管理学会における品質保証の定義は「顧客・社会の**ニーズ**を満た
すことを確実にし，確認し，実証するために，組織が行う**体系的**な活動」と
なっている。

従来は生産者と**消費者**だけの関係からとらえられていたが，高度成長期に
大きな問題を起こした**公害問題**に端を発して，近年では生産者と**消費者**に限
らず，第三者を含んで「社会に迷惑をかけない製品」という概念が広く浸透
することとなった。

つまり，現代は製品の生産，使用，そして，廃棄の段階に至るまでの**ライ
フサイクル**全体にわたった広い意味での品質保証が重視される時代となって
いるのである。

解答

(84)	(85)	(86)	(87)	(88)
イ	カ	セ	サ	ク

第2回模擬テスト

問 1 解説

「志向」という字は「指向」と書かれることもあります。

源流志向 現状を検討して策定する対策は，可能な限りおおもと（源流）の原因にさかのぼったものでなければなりません。一般にさかのぼればさかのぼるほど根本的な対策となります。これを「対策は源流にさかのぼる」といいます。新 QC 七つ道具に属する連関図法でいえば，より高次の要因について対策することに相当します。

重点志向 取り組むべき対象が複数ある場合には，特に重要とみられるものや効果の大きいものから取り組むという原則があります。QC 七つ道具のひとつであるパレート図においても効果や影響の大きい順に並べるという意義はそこにあります。

生産者志向 製品を作る側の都合を優先する立場をいいます。これをプロダクトアウトと呼びます。アの内容はマーケットインではなくて，プロダクトアウトですね。

消費者志向 市場，すなわち製品を消費する側のニーズを優先する立場であって，マーケットインと呼びます。イの文章はプロダクトアウトではなくて，マーケットインのものです。

解答

(1)	(2)	(3)	(4)
ウ	エ	オ	カ

問 2 解説

① 品質問題に至る大きな不具合や故障などが生じる可能性と，その要因を未然に予測することを，**トラブル予測**といいます。

② 設計にインプットすべきニーズなどの要求事項が設計のアウトプットに織り込まれ，品質目標が達成できるかどうかに関して，関係者が審査することを，**デザインレビュー**といいます。

③ 特定の故障をトップ事象に取り上げ，その原因を順次たどっていく手法

を，FTA といいます。

④ 製品を構成する部品から，システム全体の影響を評価する手法を，FMEA
といいます。

デザインレビューは，
設計審査とも呼ばれ，
FMEAは，故障モード影響解析
とも呼ばれます

解答

(5)	(6)	(7)	(8)
カ	ウ	ア	オ

問3 解説

① 記述のとおりです。標準化における標準とは，関連する人の間で利益や
利便が公正に得られるように取り決められたものとされています。

② 記述は誤りです。社内標準化は，優秀な作業者にあわせるものではあり
ません。すべての作業者ができるだけ同様のレベルの仕事を遂行できる
ようにすることが基本的な考え方であり目的です。

③ 記述のとおりです。作業の標準化を進めれば，個人差の影響が減って確
実な作業が実現されやすく，さまざまな業務の質の安定化を図ることが
できることになります。

④ この記述はいいすぎで，誤りといえます。最高レベルの品質を実現する

ことにはそれなりのコストがかかりますので，その企業がどのレベルの水準の製品を提供するかということに合わせた社内基準が必要となります。

⑤ 記述のとおりです。標準化とは，「標準を設定し，これを活用する組織的行為」と定義されています。

解答

(9)	(10)	(11)	(12)	(13)
○	×	○	×	○

問4 解説

① 記述のとおりです。$\bar{x}$ や $E(x)$ は平均値を意味する記号ですね。

② 中央値は $\tilde{x}$ で表されます。

③ 記述のとおりです。{ } という記号は集合（ものの集まり）を表す記号です。$\{x_i\}(i = 1 \sim n)$ という表現は，データなど n 個の変量（の集まり）を表しています。

④ x_i の i を 1 から n まで変化させて，それらのすべての和をとることを意味するのは，$\sum_{i=1}^{n} x_i$ という表記です。問題文のように表記されることはありません。

⑤ 範囲は最大値から最小値を引いたものですので，$x_{max} - x_{min}$ で表されます。

解答

(14)	(15)	(16)	(17)	(18)
○	×	○	×	×

問5 解説

① 測定値の母平均から真の値を引いた値は，**かたより**と呼ばれるものです。

② 測定値の大きさがそろっていないこと，または測定値の大きさが不ぞろ

いであることは，**ばらつき**と呼ばれます。かたよりとばらつきの2つの
概念は統計において，とても基本的で重要な概念です。
③ 測定値から試料平均を引いた値は，**残差**です。
④ 測定値から母平均を引いた値は，**偏差**です。
⑤ 測定値から真の値を引いた値は，**誤差**です。残差，偏差，誤差は，言葉
として非常に似ていますので，それらの違いを確認しておいてくださ
い。

解答

(19)	(20)	(21)	(22)	(23)
ク	ケ	カ	ウ	ア

問 6 解説

　相関係数は，2変数間の関係を数値で記述する相関分析法において用いら
れます。2変数 x, y について，

● 変数 x の値が大きいほど変数 y の値も大きい場合が，正の相関関係です。
● 変数 x の値が大きいほど変数 y の値が小さい場合が，負の相関関係です。
● 変数 x の値と，変数 y の値の間に増加あるいは減少の関係が成立しない
　場合を無相関といいます。

　相関係数 r は−1から＋1の間の値をとるもので，正の数字で絶対値が
大きいほど正の相関が強いとされ，逆に負の数字で絶対値が大きいほど負の
相関が強いとされます。

　この問題では，相関係数が正となる右上がりの図がCとDになってお
り，相対的にDのほうがCよりも狭い帯状になっていますので，相関係数
をそれぞれ r_C および r_D と書けば，$r_D > r_C > 0$ という関係とみられます。

　また，AとBが右下がりの図になっており，Bのほうが狭い帯状になっ
ていますので，相関係数の絶対値を比較しますと $|r_B| > |r_A|$ のようにみら
れますが，これらの符号はマイナスなので，r_A および r_B の値を比較します

と，$0 > r_\mathrm{A} > r_\mathrm{B}$ ということになります。

　残る E の図は，右上がりとも右下がりともいえない形をしていますので，無相関（$r_\mathrm{E} \fallingdotseq 0$）とみられます。

　以上を総合しますと，次のようになります。

$$r_\mathrm{D} > r_\mathrm{C} > r_\mathrm{E} > r_\mathrm{A} > r_\mathrm{B}$$

解答

㉔
カ

問 **7** 解説

① 特性要因図に似ていますが，単にグルーピングして整理するだけでなく，原因と結果のメカニズムや因果関係を矢線で結んでまとめていく図になっています。**連関図法**といいます。

② 問題に関連して着目すべき要素を，碁盤の目のような行列図に項目に並べ，要素と要素の交点において互いの関連の検討を行うためのものです。これは，**マトリックス図法**です。

③ 枝分かれした図によって，着眼点をもとに問題を分類しながら主に論理的に考えていくことで，問題を解析したり解決したりするための案を得たりするものになっています。これが**系統図法**です。

④ プロジェクトなどを達成するために必要な作業の順序関係や相互関係を矢線で表すことによって，最適な日程計画を立てたり効率よく進度を管理したりするために用いられる手法です。**PERT 図法**です。

⑤ 多くの言語データがあってまとまりをつけにくい場合に用いられ，意味内容が似ていることを「親和性が高い」と呼び，そのようなものどうしを集めながら全体を整理していく方法で使われるものです。**親和図法**です。

解答

㉕	㉖	㉗	㉘	㉙
ケ	サ	オ	キ	ク

問 **8** 解説

工程能力指数 C_p およびかたよりを考慮した工程能力指数 C_{pk} は，次の式から求めることができます。

$$C_p = \frac{S_U - S_L}{6s}, \quad C_{pk} = \min\left(\frac{S_U - \overline{x}}{3s}, \frac{\overline{x} - S_L}{3s}\right)$$

S_U：上側規格値，S_L：下側規格値，s：標準偏差，$\overline{x}$：平均値

min（　　）は，（　　）内の値のうち小さいほうの値を示す。

製品寸法の規格は1.10±0.50 mmなので，上側規格値S_Uは1.60 mm，下側規格値S_Lは0.60 mmです。平均値$\overline{x}$は1.20 mm，標準偏差sは0.16 mmですから，

$$C_p = \frac{1.60 - 0.60}{6 \times 0.16} = 1.04$$

$$C_{pk} = \min\left(\frac{1.60 - 1.20}{3 \times 0.16}, \frac{1.20 - 0.60}{3 \times 0.16}\right) = 0.83$$

製品の寸法 x が，正規分布 N（1.20, 0.16^2）に従うとき，x が上限規格 S_U を超える確率は，次のように規準化を行い，正規分布表を利用して求めることができます。

$$z = \frac{x - \mu}{\sigma} = \frac{1.60 - 1.20}{0.16} = 2.50$$

P.106の付表の「K_PからPを求める表」を参照すると，$|z| = K_P = 2.50$より，$P = 0.0062$であることがわかります。工程能力指数C_pを求める式に $C_p = 1.33$，$S_U = 1.60$mm，$S_L = 0.60$mmを当てはめて計算すると，

$$1.33 = \frac{1.60 - 0.60}{6s} \quad \therefore \quad s = 0.13$$

解答

(30)	(31)	(32)	(33)
ア	エ	カ	ウ

142

問**9** 解説

　QC 七つ道具は主として定量的なデータを扱う手法となっているが，例外的に定性的な情報を扱う手法があり，具体的には**特性要因図**である（別名として魚の骨図とも呼ばれます）。

　これに対して，新 QC 七つ道具は主として定性的な情報を扱うものとなっているが，ここでも例外的に定量的なデータを扱う手法があり，その手法の名称は**マトリックスデータ解析法**である。

解答

㉞	㉟
ウ	ケ

問**10** 解説

① **工程間検査**（工程内検査，中間検査）とは，工場内において，半製品（中間製品）をある工程から次の工程に移動してもよいかどうかを判定するために行う検査です。

② **自主検査**とは，製造部門において，自分たちの製造した製品について自主的に行う検査をいいます。

③ **受入検査**（購入検査）とは，材料あるいは半製品（中間製品）を受け入れる段階において，一定の基準に基づいて受け入れの可否を判定する検査です。

④ **出荷検査**とは，製品を出荷する際に行う検査であって，輸送中に破損や劣化が生じないように梱包条件についても検査を行うものです。ただし，次項の最終検査を行ってすぐに出荷される場合には，最終検査が出荷検査を兼ねることになります。最終検査の後で，倉庫などに保管されてから出荷される時の検査は出荷検査です。

⑤ **最終検査**（製品検査，完成品検査）とは，完成した品物が，製品として要求事項を満たしているかどうかを判定するために行う検査になります。

解答

(36)	(37)	(38)	(39)	(40)
イ	オ	ア	エ	ウ

問 11 解説

① 記述のとおりです。通常用いられる管理図はシューハート管理図と呼ばれるもので，中でも $\overline{X}-R$ 管理図が多用されています。

② $\overline{X}-R$ 管理図は，ほぼ規則的な間隔で工程などから採取されたデータをもとに作成されます。

③ $\overline{X}-R$ 管理図においては，$\overline{X}$ 管理図の中心線として $\overline{X}$ ではなくて，$\overline{\overline{X}}$（エックスダブルバー，$\overline{X}$ の平均）が取られます。

④ $\overline{X}$ 管理図には管理限界線として，上方管理限界線と下方管理限界線が必ず書かれます。

⑤ R 管理図には管理限界線として，上方管理限界線が必ず書かれますが，下方管理限界線はデータ数が6以下（6以下ということは6を含みます）の場合には，書かれません。データ数が少ない場合にはばらつきの下限管理は要らないということです。

解答

(41)	(42)	(43)	(44)	(45)
○	○	×	○	×

問 12 解説

一見すると，与えられた図の違いがわかりにくく，むずかしい問題に思えるかもしれませんが，順に違いをみていきましょう。

オは，規格限界からもっとも内側に分布があるため，工程能力がもっとも高いといえ，①に該当します。

イは，オの次に工程能力が高く，②に該当します。

アは，規格限界から分布がもっとも多く外れているため，工程能力が非常

に不足しており，⑤に該当します。

　ウは，アの次に工程能力が不足しているため，④に該当します。

　エは，はみ出しもなく余裕もないため，工程能力は十分とはいえないが，まずまずであり，③に該当します。

解答

(46)	(47)	(48)	(49)	(50)
オ	イ	エ	ウ	ア

問 **13** 解説

① 近代的な品質管理においては，基本的に事実に基づく管理が本来の管理です。事実に基づいて正しい推論があってもよいのですが，事実が基本になければなりません。

② 記述のとおりです。近代的な品質管理においては，統計的手法が正しく用いられることも重要です。もちろん，統計的手法が用いられない場合もあります。

③ 記述のとおりといえるでしょう。ただし，問題の場合の期待水準は「これまでに達成したことのある水準」あるいは「現状がそのようになっているはずの水準」であり，これに対して，課題の場合の期待水準は「そうあることが望ましいがこれまでには達成したことのない水準」であることが一般的です。これらの「差」をギャップと呼ぶこともあります。

④ 記述のとおりです。探さなくても問題のほうからやってくる場合（「発生する問題」）と，どんな問題に取り組もうかということで探す場合（「探す問題」）もあります。たとえば，上司から与えられるテーマは通常は「発生した問題」に属することが多いでしょうが，ときには，「君のような立場になれば自分でテーマを探したらどうか」という上司の指示があることもあり，これは「探す問題」に該当することになるでしょう。

⑤ この記述は逆になっています。問題や課題の解決手順としては，一般に問題は現状の解析や評価（PDCAサイクルでいえば，チェック）から始め，課題は望ましい姿の設定（PDCAサイクルでいえば，プラン）から始めることが多くなっています。

145

解答

(51)	(52)	(53)	(54)	(55)
×	○	○	○	×

問 14 解説

① 特性要因図において，**骨**とは，特性と要因の関係を表す矢線のことをいいます。

② 特性要因図の真ん中の太い矢線を，**背骨**といい，これに近い順に，**大骨**，**中骨**，**小骨**，**孫骨**といいます。

③ 特性要因図は，この図の開発者である博士の名前をとって，**石川ダイアグラム**といわれます。

④ 特性要因図は，この図の形状から，**魚の骨図**ともいわれています。

解答

(56)	(57)	(58)	(59)	(60)	(61)	(62)
ウ	ア	エ	イ	オ	キ	カ

問 15 解説

① **予防保全**とは，機器やシステムの故障やトラブルに先立って，つまり起こる前にそれらの起こりそうな点をあらかじめ対策して，故障に至らないようにする保全をいいます。

② **事後保全**とは，機器やシステムに起きた故障に対応して復旧する保全のことです。

③ **顕在クレーム**とは，生産者あるいは販売者の側に具体的に持ち込まれるクレームをいうものです。

④ **潜在クレーム**とは，生産者あるいは販売者の側に具体的に持ち込まれずに顧客の側に留まるクレームをいいます。

⑤ **コンプレイン**とは，クレームに加えて，漫然とした不満や不平までを含めていうことがある用語です。

解答

(63)	(64)	(65)	(66)	(67)
オ	ウ	ア	イ	エ

問 16 解説

① QCサークルは，製造部門から広がったという経緯がありますが，昨今では製造部門に限らず，事務部門や管理部門，医療福祉部門などでも幅広く行われています。

② 記述のとおりです。QCサークル活動は，日常業務の改善活動に加え，業務遂行能力の向上や職場の活性化なども目指している活動といえます。

③ 記述のとおりです。QCサークルで行われる活動を，小集団活動あるいはQCサークル活動などと呼んでいます。

④ 記述は誤りです。現状の水準を上げることや新しい事業への対応などは，問題解決型ではなくて，課題達成型とされます。

⑤ QCサークルは日本で始まりましたが，いまや日本だけでなく，諸外国においても行われています。「QCサークル」とそのまま呼んでいる国もあるようです。日本からの「文化輸出」のようなものかもしれませんね。

⑥ QCサークル活動は上司の指示命令で行われるものではありませんが，上司がまったく無干渉や無関心では，進むものも進まなくなることがあります。上司がサークルの状況を把握し，タイミングなどをみて適切に指導することも，場合によっては必要です。

⑦ QCサークル活動における成果は，有形のものも無形のものも評価することが重要です。無形のものには，職場の活性化や各人の能力の向上，意欲の向上などがあります。

解答

(68)	(69)	(70)	(71)	(72)	(73)	(74)
×	○	○	×	×	×	×

要点整理　　QC サークルについて

QC サークル
　第一線の職場で働く人々が，継続的に製品・サービス・仕事などの
「質」の管理・改善を行う小グループ

QC サークル活動の基本理念
　①人間の能力を発揮し，無限の可能性を引き出す
　②人間性を尊重し，生きがいのある明るい職場をつくる
　③企業の体質改善と発展に寄与する

MEMO

第3回模擬テスト

問 1 解説

① 設定してある目標と現実とのギャップのことを**問題**といい，そのギャップに対して原因を特定し，対策し，確認し，必要な処置を行う活動が**問題解決**です。

② 設定しようとする目標と現実とのギャップのことを**課題**といい，新しく目標を設定し，その目標を達成するためのプロセスやシステムを構築し，それを運用して目標を達成する活動が**課題達成**です。

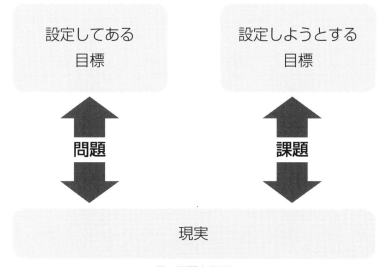

図 問題と課題

問題と課題の違いを
しっかりおさえて
おきましょう

解答

(1)	(2)	(3)	(4)
イ	カ	オ	ア

問 **2** 解説

① 記述のとおりです。製品やサービスの質を中心として，それを重視する考え方を品質意識と呼んでいます。

② 記述のとおりです。従来 TQC と呼ばれていたトータル品質管理は，総合的な内容をより重視して TQM と呼ばれるようになり，品質経営という言い方もされるようになっています。

③ 記述は誤りです。品質保全とは，内容的に「品質維持」であり，「改善の目標や望ましい水準」を目指すものは品質改善と呼ばれます。

④ 記述のとおりです。製品品質について，顧客の満足という観点で，有用性，安全性，その他の影響などを客観的な立場で科学的に判断することは品質評価といわれます。

⑤ 記述のとおりです。QC 活動をより一層よいものにするために，専門的な第三者に活動を診断してもらい，必要なアドバイスを受けるなどのことを QC 診断あるいは品質管理診断といっています。

解答

(5)	(6)	(7)	(8)	(9)
○	○	×	○	○

問3 解説

① 職場には業務を行うために複数の人がいるため，そこで業務を効率よく遂行するためには，統一されたルールが必要であり，この決められたルールのことを**標準**といいます。

② 顧客に対して，より良い品質の製品・サービスを提供していくためには，最適な仕事が行われるように，やり方などを統一することが必要であり，これを**標準化**といいます。これは，関係するすべての人のチームワークにより組織的に進められることが大切です。

③ 企業単位で行う標準化を，**社内標準化**といい，この標準化を進める際には，技術・経験を寄せ集め，仕事のやり方や管理の基準を定め，そして標準が遵守されるように，必要に応じて周知・**教育**を行うことが重要です。さらに標準が適切な状態であるかどうかを事実に基づくデータで**管理**していく必要もあります。

解答

(10)	(11)	(12)	(13)	(14)
イ	エ	エ	ウ	イ

問4 解説

① 最小値から最大値を差し引いたものではなくて，最大値から最小値を差し引いたものが範囲です。

② 中央値とは，データをランダム（無作為，ばらばら）に並べるのではなく，大きさの順に並べた時に中央に位置するものをいいます。

③ モードとは，中央値のことではなくて，最頻値のことです。

④ 幾何平均とは相乗平均（2つの数の場合には，それらを掛けて平方根をとった値）のことです。サンプルの平均値は，相加平均（算術平均，単

純平均，代数平均ともいいます）が用いられます。

⑤ 記述のとおりです。

解答

(15)	(16)	(17)	(18)	(19)
×	×	×	×	○

問 5 解説

① 工程などを管理するために用いられる折れ線グラフは，**管理図**です。

② 頻度情報を加筆しつつ整理できるようにした表が，**チェックシート**と呼ばれるものです。

③ 計量値のデータの分布を示した柱状のグラフは，**ヒストグラム**です。

④ 要因が結果に関係し影響している様子を，矢線の入った系統図にしたものは，**特性要因図**になります。

⑤ 発生頻度を整理して，頻度の順に棒グラフにし，累積度数を折れ線グラフで付加したものは，**パレート図**です。

解答

(20)	(21)	(22)	(23)	(24)
ウ	ク	ア	イ	サ

問 6 解説

　ヒストグラムは，柱状図とも呼ばれ，数量データの分布を示した棒グラフ（柱状グラフ）で，全体の分布状況を一目で把握することができます。

　一般にデータ数や平均値，標準偏差などが付記されることも多く，また，品質規格の上限値と下限値が表示され，規格から外れているものがどの程度あるのかを把握することもできます。

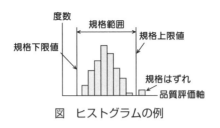

図　ヒストグラムの例

① 二山分布になるヒストグラムでは，強いばらつき要因が複数存在することが考えられます。

② この記述は逆で，非常に鋭くとんがった山の分布になるということは，ばらつきが小さいということになります。

③ 記述は誤りです。一定値以上のデータが何らかの理由でカットされるような場合には，左絶壁型ではなくて，上のほうのデータがカットされるので，右絶壁型になりやすいのです。

④ 記述のとおりです。ヒストグラムの横軸の区分間隔の取り方が不適切な場合には，くしの歯型になることがあります。

⑤ ヒストグラムには，管理上の目的などのため，多くの場合に許容の上下限値が付記されることがあります。

解答

㉕	㉖	㉗	㉘	㉙
○	×	×	○	○

要点整理　　**ヒストグラムの分布**

一般型
度数は中心付近が最も高く，中心から離れるにつれて徐々に低くなり，左右対称

歯抜け型
度数は区間の１つおきに少ない。くしの歯型ともいう

すそ引き型

分布の中心がやや左寄りまたは右寄りで，左右非対称。左すそ引き型
と右すそ引き型がある

絶壁型

分布の中心が極端に左寄りまたは右寄りで，左右非対称。左絶壁型と
右絶壁型がある

二山型

分布の中心付近の度数が少なく，左右に山ができている

離れ小島型

本体より少し離れた位置に小さい山がある

高原型

各区間の度数があまり変わらず，高原状

問 7 解説

① 2つの結合点を2つの矢線だけで結んではいけないことになっていま
す。それらは併せてひとつの作業にするか，あるいは他の形にしなけれ
ばなりません。

②⑤ この図に誤りは含まれていません。ダミー作業に作業名がついていな
いことは誤りとはみなされません.

③ 同じ作業をひとつのアロー・ダイヤグラムの2ヶ所以上に表してはいけ
ません。この図では作業 A が2ヶ所にありますが，これは禁止です。A_1
と A_2 にするなど違わせなければなりません。

④ B→D→C→B がループ状になっています。これも禁止事項です。

解答

(30)	(31)	(32)	(33)	(34)
×	○	×	×	○

問 **8** 解説

PDPC 法は Process Decision Program Chart の略で，問題解決や新製品開発などの初めてのプロジェクトの進行過程において，あらかじめ予想される障害などへの対策を盛り込みながら，望ましい方向に推進する手法です。予定の作業ができない場合には，どのようにするべきかをあらかじめ検討しておきます。

この問題では，最初にどこから手をつけてよいか，迷ってしまうかもしれませんが，選択肢の文をながめていきますと，まったく条件のついていない文のウ（作業 P を行う）が見つかります。これが(35)に入るものと考えられます。

その後は作業の実施条件と照らし合わせながら選択肢を選んでいきます。(36)と(37)は並びの作業のようですが，作業 P が完了することが本来の主たる流れのはずですので左側がエで，右側がオと考えられます。

解答

(35)	(36)	(37)	(38)	(39)
ウ	エ	オ	ア	イ

問 **9** 解説

工程を管理するためには，管理**項目**の決定が必須である。すべての製造条件や製品の**仕様**に定められた**項目**を管理することは非現実的であるので，**重要**かつ測定の容易な**項目**を選定し，この**項目**について測定し管理をするのが実際的である。

工程内で測定を行うときには，測定の環境条件が悪く，測定値に含まれる測定の**誤差**が大きくなることがある。測定の**誤差**を小さくする方法の中には，**計測方法**の改善や測定器の管理が含まれる。

解答

(40)	(41)	(42)	(43)	(44)
イ	エ	シ	キ	カ

問 **10** 解説

① **自主検査**とは，法律や社外規定のような外部の規定で定められてはいないが，自ら必要性を考えて実施する検査のことをいいます。
② **法定検査**とは，法律で検査することが定められている検査のことです。
③ **定位置検査**とは，一定の場所の製品などを対象として行う検査です。
④ **巡回検査**とは，巡回の際に検査対象を選んで行う検査で，定位置検査に対するものです。
⑤ **破壊検査**は，検査対象の機能などが損なわれることを覚悟で行う検査です。これと対するものが非破壊検査ということになります。
⑥ **全数検査**は，判定する対象のすべての対象を検査するものであって，抜取検査に対するものとなります。

解答

(45)	(46)	(47)	(48)	(49)	(50)
ウ	カ	ア	イ	オ	エ

問 **11** 解説

かたより度 k は次式で定義されます。この式が頭に入っていませんと計算ができません。

$$k = \frac{|(S_U + S_L) - 2\overline{X}|}{S_U - S_L}$$

この問題は，規格の上下限が一定で，平均値 $\overline{X}$ が変化した場合に，かたより度がどのように変化するかということをみる問題となっています。上の定義式を用いて順次計算していきましょう。｜｜は絶対値の記号ですね。

① $k = |\{(100+20)-2\times80\}|/(100-20) = 0.5$
② $k = |\{(100+20)-2\times60\}|/(100-20) = 0$
③ $k = |\{(100+20)-2\times40\}|/(100-20) = 0.5$
④ $k = |\{(100+20)-2\times30\}|/(100-20) = 0.75$
⑤ $k = |\{(100+20)-2\times20\}|/(100-20) = 1.0$

この結果によりますと，規格上下限の間の中央に平均値が来ている②において$k=0$となっていることがわかります。また，かたより度が1.0というのは，平均値が規格下限と一致している場合に起こっています。これと同様に，平均値が規格上限と一致する場合にも，かたより度は1.0となります。

解答

(51)	(52)	(53)	(54)	(55)
カ	ア	カ	コ	ソ

問 **12** 解説

管理図を作成する作業を順に考えていけば，その手順はわかると思います。正しい手順を以下に示します。

手順1　群の大きさ n が2〜6程度になるような時系列データを収集する。
手順2　群ごとにデータの平均値 $\overline{X}$ を求める。
手順3　群ごとにデータの範囲 R を求める。
手順4　群ごとの平均値 $\overline{X}$ の平均値 $\overline{\overline{X}}$ を求める。
手順5　群ごとの範囲 R の平均値 $\overline{R}$ を求める。
手順6　管理線を計算する。
　　　　$\overline{X} : \mathrm{CL} = \overline{\overline{X}}$, $\mathrm{UCL} = \overline{\overline{X}} + A_2\overline{R}$, $\mathrm{LCL} = \overline{\overline{X}} - A_2\overline{R}$
　　　　$R : \mathrm{CL} = \overline{R}$, $\mathrm{UCL} = D_4\overline{R}$, $\mathrm{LCL} = D_3\overline{R}$
手順7　管理線を記入する。
手順8　群ごとの平均値 $\overline{X}$ と範囲 R をグラフ上に打点する。
手順9　その他の必要事項を記入する。
　　　　管理図の目的，製品名，工程名，品質特性，データを集めた期間，測定方法，作成者名等

解答

(56)	(57)	(58)	(59)	(60)
ウ	オ	イ	エ	ア

問 **13** 解説

測定値群の中で，最大のもの $X_{\max}$ と最小のもの $X_{\min}$ の差を範囲 R と呼び，毎日のデータの R をグラフにしたものを R 管理図といいます。データ X の毎日の平均 $\overline{X}$ の管理図と合わせて，$\overline{X}-R$ 管理図と呼ばれます。

正しいものを入れて完成させた文章を，次に示します。それらの意味を確認しておいてください。±の記号がついているものとついていないものとが混じっていますが，それぞれ適切な表現を確認してください。

$\overline{X}$ の管理限界線は，X の平均の平均 $\overline{\overline{X}}$ を中心線として，$\pm A_2\overline{R}$ のところにあり，R 管理図において，上方および下方の管理限界線は，それぞれ $D_4\overline{R}$ および $D_3\overline{R}$ で与えられる。A_2 や D_3，D_4 は統計学的に求められている定数である。

ここでは，$\overline{R}=0.60$ がわかっているので，それと $D_4\overline{R}=1.20$ から，$D_4=2.00$ が求まる。これをもとに与えられた表より，$n=6$ であることがわかるので，$A_2=0.483$ となる。したがって，$\overline{X}$ の管理限界幅は，以下のように求められる。

$$\pm A_2\overline{R} = \pm 0.483 \times 0.60 = \pm 0.290$$

もし，母集団の標準偏差 σ がわかっていれば，R の平均と分散はそれぞれ次の公式で求められます。

$$E(R) = d_2\sigma$$
$$V(R) = d_3\sigma$$

d_2，d_3 は表より求めます。この表の数字は覚えなくて結構です。

表　範囲 R に関する係数 d_2，d_3

n	d_2	$1/d_2$	d_3
2	1.288	0.8862	0.853
3	1.693	0.5908	0.888
4	2.059	0.4857	0.880
5	2.326	0.4299	0.864
6	2.534	0.3946	0.848
7	2.704	0.3698	0.833

範囲の期待値 $E(R)$ を $\overline{R}$ で代表させれば，σ の推定値 $\hat{\sigma}$ は次のように求めることができます。

$$\hat{\sigma} = \frac{\overline{R}}{d_2}$$

解答

(61)	(62)	(63)	(64)	(65)
イ	ク	コ	ケ	オ

問 **14** 解説

① 製品の品質を継続的に向上させるためには，現状の品質水準が定められた範囲内にあるようにするための**維持活動**と，現状の品質水準を上げるための**改善活動**を，あわせて行う必要があります。

② 製品の品質水準を保つためには，工程に異常があった場合に早期に発見し，対策をとることが大切であり，そのためにはデータを時系列で扱う**管理図**などの手法の活用が効果的です。

③ 製品の品質水準を高めるためには，**改善目標**を明確にすることが大切であり，その取り組みについて考えることは，５Ｗ１Ｈを基本として内容を計画し，実行して，結果を確認し，適切な処置をするという**管理のサイクル**を回すことです。

解答

(66)	(67)	(68)	(69)	(70)
エ	ア	オ	イ	カ

問 **15** 解説

① 特性要因図は，仕事の結果である**特性**に影響する様々な**原因**を整理，関連づけして，わかりやすく表したものですので，それぞれの職場で取り上げた問題の解決に役に立つような使い方を工夫する必要があり，そのためには，特性要因図を作成する**目的**をよく考えることが重要です。

② 特性要因図を作成するために意見を出し合うときは，頭の中で考えただ

けの意見では役に立たないため，**事実**に基づいた意見を出し合うことが重要です。

③ できあがった特性要因図は，日常的な要因管理に役に立ちます。不適合品の発生など問題が生じたときに原因を追求し，そのつど特性要因図の要因にチェックマークを入れ，要因の**重みづけ**を行い，重要度の高い順に要因を管理します。

特性要因図の作り方の例

手順1	特性を決める
手順2	背骨・大骨を記入する
手順3	中骨・小骨・孫骨を記入する
手順4	要因に抜けがないか確認する
手順5	影響の大きな要因に印をつける
手順6	関連事項を記入する

解答

(71)	(72)	(73)	(74)	(75)
イ	エ	ア	イ	ア

問 16 解説

① 仕事を進める上で，結果だけではなく，結果を生み出すしくみややり方に着目し，これを向上させるように管理する考え方を**プロセス重視**といいます。

② 品質特性がばらつく要因を経験や勘ばかりに頼らずに，データで客観的に把握する考え方を**事実に基づく管理**といいます。

③ ものづくりの工程の管理・改善すべき項目の中で，特に重要と思われる項目に絞って管理する考え方を**重点指向**といいます。

④ お客様の満足を目指して活動を行う考え方を**顧客指向**といい，お客様の満足度を常に高めていくことが重要です。

⑤ 自らの仕事の受け手は，みんなお客様であると考えて，本当に良い仕事を後工程にお渡しするという考え方を**後工程はお客様**といいます。

解答

(76)	(77)	(78)	(79)	(80)
ウ	オ	キ	ア	カ

MEMO

第4回模擬テスト

問 1 解説

正しい語句を入れて完成させた文章を，次に示します。

品質管理において用いられる**製品**という用語は，物品として提供される**製品**にとどまらず，有形無形の商品や**サービス**，あるいはこれらを組み合わせたものを指す。**工場**で製造される**製品**だけでなく，その**製品**を提供するための物流や**小売り**における**サービス**も含まれる。さらには，病院や理髪店，**官庁**など有形のものを提供することがない場合の**サービス**も（かなり広い意味ではあるが）広い意味での**製品**としてとらえられる。

解答

(1)	(2)	(3)	(4)	(5)
ウ	オ	ケ	キ	ク

問 2 解説

顧客という概念は近年では広くとらえられていて，直接に品物を購入する立場の顧客に加えて，工場の中でも「後工程はお客様」，また，経理や労務などの事務部門やサービス部門などにとっても担当する部署を「お客様」ととらえることで業務改善を図ることが多くなっています。

さらに，従来型の**プロダクトアウト**（製品を作る側の都合を優先する立場）よりも，**マーケットイン**（市場，すなわち製品を消費する側のニーズを優先する立場）が重要視されてきています。

つまり，最終的な品質管理の目標は，基本的に顧客の満足を得ることであるという考え方が，より徹底されてきています。

それぞれの[＿＿＿]に正しい語句を入れて完成させた文章を，次に示します。

日本において高度経済成長が達成される以前のように，物資が不足していた時代には，工場で**生産**すればするだけ**製品**が売れた時代があった。

しかし，今日では物資は豊富になり，売れる**製品**を**生産**しなければ企業は成り立たない時代になっている。消費者や使用者の要求する**品質**を的確に把握し，これを満たす**製品**でなくては買ってもらえない時代である。

　このことは，従来型の立場である生産者の事情を優先した**プロダクトアウト**という考え方ではなく，消費者志向の**マーケットイン**という考え方を重視した活動が重要であることを意味している。

解答

(6)	(7)	(8)	(9)	(10)
オ	ウ	ア	ク	エ

問**3** 解説

　生産における管理の内容には，**着眼点**によっていくつもの分類がある。工程における**不適合**発生の多くが生産の際の**4M**などの変化に関連して起こっていることが認められることから，このような変化の際に起こる変動を未然に防ごうとする管理を**変化点管理**という。

　変化点管理と似た用語であるが，**変更管理**とは，製品の型式や仕様に関連する変更を開発や設計の段階において，それらの書類を中心に管理することをいう。また，**初期流動管理**とは，工場の移転や生産方式の変更，生産量の大幅な変更などの大きな工程変更においてなされる管理をいう。

解答

(11)	(12)	(13)	(14)	(15)	(16)
シ	イ	オ	ケ	コ	ウ

問**4** 解説

　Σ は和の記号です。Σ の下で与えられている数字から，順に1ずつ増やしながら，Σ の上に与えられている数字まで，足し算をします。以下，その計算を順にしていきますと，次のようになります。

① $\displaystyle\sum_{n=1}^{3} (n-1)^2 = (1-1)^2 + (2-1)^2 + (3-1)^2 = 0^2 + 1^2 + 2^2 = 5$

② $\displaystyle\sum_{n=1}^{4} \frac{n\,(n-1)}{2} = \frac{0}{2} + \frac{2}{2} + \frac{6}{2} + \frac{12}{2} = 0 + 1 + 3 + 6 = 10$

③ $\displaystyle\sum_{n=1}^{3} \frac{1}{n\,(n+1)} = \frac{1}{2} + \frac{1}{6} + \frac{1}{12} = \frac{9}{12} = \frac{3}{4}$

この③につきましては，次のように計算する方法もあります。少し工夫されてやりやすくされた方法です。もちろん，どちらの方法で計算されてもかまいません。

$$\frac{1}{n\,(n+1)} = \frac{1}{n} - \frac{1}{n+1}$$

という関係を使う方法です。以下の計算をご覧ください。

$$\sum_{n=1}^{3} \frac{1}{n\,(n+1)} = \sum_{n=1}^{3} \left(\frac{1}{n} - \frac{1}{n+1} \right)$$

$$= \left(\frac{1}{1} - \frac{1}{2} \right) + \left(\frac{1}{2} - \frac{1}{3} \right) + \left(\frac{1}{3} - \frac{1}{4} \right)$$

$$= 1 - \frac{1}{4} = \frac{3}{4}$$

n が大きくなった時には，後者のほうが便利で有効な方法ですね。

解答

(17)	(18)	(19)
オ	コ	セ

問 **5** 解説

① x_i は各回の測定値です。添え字の i は，毎回の測定回を示しています。かたより誤差は毎回変化しない誤差，ばらつき誤差は毎回変化する誤差ですので，真の値 x_t に2種類の誤差を加えて x_i は次のように表されます。

$x_i = x_t + \mu_x + e_{x,i}$

すなわち，問題に与えられた式は正しいものとなっています。

② データの数が非常に大きい時には，ばらつき誤差 $e_{x,i}$ は平均しますと 0 になりますので，$< e_{x,i} > = 0$ となります。

③ 平均値を求める操作 $< \quad >$ は，線形（足し算，引き算が平均の前に行わ

れても後に行われても結果が同じ）ですので，

$$<x_i>=<x_t+\mu_x+e_{x,i}>$$
$$=<x_t>+<\mu_x>+<e_{x,i}>$$

ここで，定数の平均は定数そのものですし，$<e_{x,i}>$は②の説明と同様で0とみられますから，次式が成り立ちます。

$$<x_i>=x_t+\mu_x$$

④ $x_i=x_t+\mu_x+e_{x,i}$ を用いて計算してみます。

$$<x_i-\mu_x>=<(x_t+\mu_x+e_{x,i})-\mu_x>$$
$$=<x_t+e_{x,i}>$$
$$=<x_t>+<e_{x,i}>$$
$$=x_t+0$$
$$=x_t$$

⑤ $<x_t+\mu_x+e_{x,i}>=<x_t>+<\mu_x>+<e_{x,i}>$
$$=x_t+\mu_x+0\neq x_t$$

これにより，⑤は誤りとなります。

解答

⑳	㉑	㉒	㉓	㉔
○	○	○	○	×

問 **6** 解説

①～⑤までについてそれぞれ A～C の性質があるかどうか検討してみます。その結果を表にまとめると，次のようになります。

	A	B	C
①	○	○	○
②	○	○	○
③	○	○	×
④	○	○	○
⑤	×	○	×

それぞれ確認をするとよいと思いますが，③と⑤について C の性質を確

167

認するために，b を a に置き換えて計算すると，それぞれ次のようになりま
す。

③ $a/2$
⑤ $a/\ln a$

　したがって，①，②および④が○，③および⑤が×になりますね。また，
⑤の次元（単位）ですが，a や b の次元がわかりませんので，$\ln a$ などの次
元もわかりませんね。

解答

(25)	(26)	(27)	(28)	(29)
○	○	×	○	×

問**7** 解説

　問題文だけの記述では，どのような計算が行われるのかわかりにくいと思
いますので，数値を入れた具体例を示します。これを参考にしてください。

表　平均値 $\overline{x}$ と標準偏差 s の計算表（例）

区間の通し番号	区間幅	中心値	度数	u_i	$u_i f_i$	$u_i^2 f_i$
i		x_i	①$=f_i$	②$=u_i$	③$=$①$×$②	④$=$②$×$③
1	0〜5	2.5	1	-4	-4	16
2	5〜10	7.5	3	-3	-9	27
3	10〜15	12.5	7	-2	-14	28
4	15〜20	17.5	10	-1	-10	10
5	20〜25	$22.5(=x_0)$	15	0	0	0
6	25〜30	27.5	11	1	11	11
7	30〜35	32.5	6	2	12	24
8	35〜40	37.5	2	3	6	18
9	40〜45	42.5	1	4	4	16
計			$\sum f$ $=56$		$\sum uf$ $=-4$	$\sum u^2 f$ $=150$

まず，平均値 $\bar{x}$ を求める式については，u_i の定義式である

$$u_i = \frac{x_i - x_0}{h}$$

の式をもとに考えます。この式を x_i について解きますと，

$$x_i = x_0 + u_i h$$

これから平均値 $\bar{x}$ を求めますと，

$$\bar{x} = \frac{\sum_{i=1}^{n} x_i}{n} = \frac{\sum_{i=1}^{n} (x_0 + u_i h)}{n} = \frac{nx_0 + \sum_{i=1}^{n} u_i h}{n} = x_0 + \frac{h}{n} \sum_{i=1}^{n} u_i$$

これはデータがひとつの場合ですが，この区間に f_i 個のデータがあるのですから，次のようになります。

$$\bar{x} = x_0 + \frac{\sum_{i=1}^{n} u_i f_i}{n} \times h$$

次に標準偏差 s については，ヒストグラムに関係ない一般の標準偏差を求める式が次式であることを考えるとよいでしょう。

$$s = \sqrt{\frac{1}{n-1} \left[\sum_{i=1}^{n} x_i^2 - \frac{\left(\sum_{i=1}^{n} x_i \right)^2}{n} \right]}$$

s について正しい式を掲げます。

$$s = h \times \sqrt{\frac{1}{n-1} \left[\sum_{i=1}^{n} u_i^2 f_i - \frac{\left(\sum_{i=1}^{n} u_i f_i \right)^2}{n} \right]}$$

解答

(30)	(31)	(32)
コ	カ	ケ

要点整理 ヒストグラムについて

ヒストグラム

測定値がある範囲をいくつかの区間に分け, 各区間に属する測定値の度数に比例する長さの柱を並べたグラフ

平均値

データの総和をデータの数で割ったもの。データの中心的傾向を表す1つの尺度

標準偏差

データのばらつきの度合いを表す指標。標準偏差の値が大きいとき, 収集したデータのばらつきの度合いが大きい

ヒストグラムは
データの全体の分布を
見るのに適しています

問 8 解説

相関係数は, 2変数間の関係を数値で記述する相関分析法において用いられます。2変数 x, y について,

- 変数 x の値が大きいほど変数 y の値も大きい場合が, 正の相関関係です。
- 変数 x の値が大きいほど変数 y の値が小さい場合が, 負の相関関係です。
- 変数 x の値と, 変数 y の値の間に増加あるいは減少の関係が成立しない場合を無相関といいます。

相関係数 r は-1から+1の間の値をとるもので, 正の数字で絶対値が大きいほど正の相関が強いとされ, 逆に負の数字で絶対値が大きいほど負の

相関が強いとされます。

① これは右上がりの傾向になっていますので，その場合には正の相関といわれ，相関係数は正の数でなければなりません。
② この図は右下がりであって相関係数も負になっています。打点のまとまり具合もかなり狭いものになっていますので，相関係数の絶対値もかなり高いとみられ，−0.7はほぼ妥当と考えられます。
③ 右上がりの傾向にある散布図は相関がプラスということになります。したがって，相関係数は正の数でなければなりません。$r ≒ 0$というのは誤りです。
④ 右下がりの傾向があきらかに見えますので，相関係数は負の数であるはずです。
⑤ この図では，一種の二次曲線（放物線）のまわりに打点が集まっている傾向に見えます。しかし，全体としては傾向が右上がりにも右下がりにも見えない場合に相当します。したがって，$r ≒ 0$と考えられます。妥当な表記と考えられます。

解答

(33)	(34)	(35)	(36)	(37)
×	○	×	○	○

問9 解説

① 品質とは，製品などに本来備わっている特性の集まりが，要求事項を満たす**程度**のことで，その特性を品質特性といいます。
② できばえの品質は，**製造品質**ともいわれるもので，できあがった製品の品質が狙った品質にどの程度合致しているかを評価します。
③ 要求される特性を直接測定するのが困難な場合，要求される特性と一定の関係にある**代用特性**を測定することがあります。
④ 見た目や味，肌触りなど，人間の感覚器官により評価・判断される特性を**官能特性**といいます。
⑤ ねらいの品質とは，製造の目標として狙った品質のことで，**設計品質**ともいわれます。

(38)	(39)	(40)	(41)	(42)
カ	ケ	イ	キ	エ

問 10 解説

　マトリックスデータ解析法に関する問題ですね。

　専門的な前置きが長く，一見かなりむずかしそうな問題に思えるかもしれませんが，見た目に惑わされずによく問題を読んでみることが大切です。

　すると，単にS，A，B，Cをそれぞれ4，3，2，1点に置き換えて足し算をするだけの問題だということがわかります。

　このように数字に置き換えると，次のようになりますので最下行にその合計を載せます。

評価項目＼銘柄	P	Q	R	S
匂いの立ち	4	1	4	3
後残り	3	2	3	1
ボリューム感	3	2	4	1
トップインパクト	2	1	2	2
評点合計	12	6	13	7

　その結果，銘柄PとRとが上位で競り合い，銘柄QとSとが下位で競り合ったようで，結局Rが第1位になったことがわかりますね。銘柄のSと評価レベルのSは別物ですので，混同しないように注意しましょう。

解答

(43)	(44)	(45)	(46)
ス	キ	セ	ク

問 **11** 解説

① 品物を破壊したり，商品価値が下がったりするような方法で行われる検査は，名前のとおり**破壊検査**と呼ばれます。

② 検査対象を破壊することなく，また，商品価値も下がらない方法によって行われる検査は，名前のとおり**非破壊検査**です。

③ 時間が変わっても，サンプルを抜き取る位置が固定される検査は，**定位置検査**と呼ばれます。

④ 工程内において，検査員が工程をパトロールする際に行う検査は，**巡回検査**です。パトロールとは，日本語で巡回です。

解答

(47)	(48)	(49)	(50)
ウ	イ	カ	エ

第**4**回

解答解説

問 **12** 解説

正しいものを入れて完成させた文章を，次に示します。

上下限の両方に規格限界がある場合には，規格上限値を S_U，下限値を S_L として，対象の平均を $\overline{X}$，その標準偏差を s とするとき，工程能力指数 C_p は次のように表される。

$$C_p = \frac{S_U - S_L}{6s}$$

しかし，規格限界が片側にしかない場合もあり（その場合には，平均値と片側規格との差を標準偏差の 3 倍で割ることになります），上限規格だけが存在する場合の工程能力指数 C_p は，次のようになる。

$$C_p = \frac{S_U - \overline{X}}{3s}$$

また，下限規格だけが存在する場合の工程能力指数 C_p は，次式で表される。

$$C_p = \frac{\overline{X} - S_L}{3s}$$

173

解答

(51)	(52)	(53)
エ	オ	ケ

問 **13** 解説

　計量値に関する管理図の体系についての出題です。全体像として把握しておいてください。正しいものを入れて完成させた系統樹を次に示します。

　これらの中でもっともよく用いられるものは，$\overline{X}-R$ 管理図です。$X-$ 移動範囲管理図は $X-R$ 管理図あるいは $X-Rs$ 管理図とも呼ばれ，また，メディアン$-R$ 管理図は $Me-R$ 管理図とも書かれます。

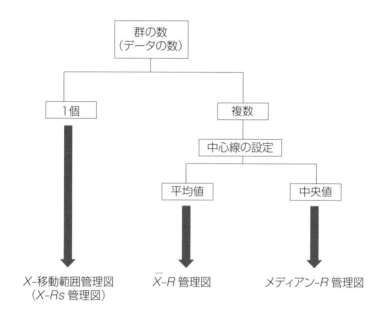

解答

(54)	(55)	(56)
オ	エ	カ

コスト（Cost，原価）およびデリバリー（Delivery，納期）をそれぞれ C および D とし，通常にいう品質（狭義の品質）を Q として，**QCD を広義の品質**と呼ぶことがあります。

これらに加えて，安全性（Safety）を S として加えて，QCDS とする場合があります。そして，さらに以下の項目も加えられることがあります。

P　生産性（Productivity）
M　士気（Morale モラール）およびまたは，倫理（Moral モラル）
E　環境（Environment）

ここで士気とは，もともとは兵隊の元気をいった言葉のようですが，いまでは「集団で何かをする時のやる気」のことを意味します。また，倫理とは道徳などのもとになる原理をいいます。

そして，ここでいう環境とは，職場環境や労働環境などのことをいう場合もあるようですが，通常はいわゆる環境問題という意味での地球環境を意味しています。

① 客先からの苦情を減らすように努力することは，（狭い意味での）品質管理そのものですね。
② 経費節減に努めることは，そのままコスト削減を目的としたものですね。
③ 設備の稼働率が向上しますと，生産性が上がります。その結果，コストも下がりますが，もっとも直接的には生産性に当たるでしょう。
④ 自動機器を導入して省力化を行うこともコスト削減です。作業員 1 人当たりの生産性向上（労働生産性）という見方もありますが，直接的にはコストのほうに分類するのが妥当でしょう。
⑤ 製品のばらつきを低減することは，品質の安定を図ることですから，狭い意味の品質ですね。
⑥ 職場を明るく楽しくするように努力することは，仕事をする元気を与え，快適に仕事ができるようにすることですね。モラール（士気）が該当するでしょう。
⑦ 災害事故を減少させるように努力することは，安全を重視した努力です

175

ね。

⑧ 工場の在庫を減少させることは，在庫の金利を削減することになりますので，コストともみられますが，もっとも直接にはデリバリーに関係すると考えられます。

⑨ 出勤率を向上させることも，モラール（士気）に当たりますね。

⑩ 二酸化炭素の排出量を減少させることは，地球温暖化対策ということで環境問題への対策ですね。

解答

(57)	(58)	(59)	(60)	(61)	(62)	(63)	(64)	(65)	(66)
Q	C	P	C	Q	M	S	D	M	E

問 **15** 解説

職場においてよく用いられる用語として，三現主義と5ゲン主義がある。三現主義とは，実際の物を大切にすべきという**現物**，実際の場所を大切にすべきという**現場**，そして，事実を重視すべきという**現実**からなっている。また，これに追加されて5ゲン主義となったものとしては，物事の本来の道理を重視すべきという**原理**と，根本の法則を大切にすべきという**原則**がある。

解答

(67)	(68)	(69)	(70)	(71)
キ	ア	ス	ク	エ

問 **16** 解説

① 「後工程はお客様」という考え方は，社外向けだけに限られるわけではありません。

② 記述のとおりです。インプットをアウトプットに変換する，相互に関連し，または相互に作用する一連の活動を，プロセスといいます。

③ 記述のとおりです。製品について，部品・材料の受入れから出荷，サービスまでの一連の流れに沿って，各工程での管理項目や管理水準などを

図表にしてまとめたものを，QC工程図といいます。

④ 作業標準は，たとえ熟練者であっても守るべきものであるため，成果さ え出せれば，作業標準にとらわれなくてもよいというものではありませ ん。

⑤ 記述のとおりです。工程の異常を見つけたときは，すぐに応急処置を講 じるとともに，再発防止を実施する必要があります。

⑥ 非連続量は，計数値と言い換えられ，これは品質特性の1つです。

⑦ 記述のとおりです。人の感覚により定性的に評価するものも品質特性で す。

⑧ 代用特性は，要求される品質特性の代用として用いるものであるため， 要求される品質特性との相関関係を明確にしておく必要があります。

解答

(72)	(73)	(74)	(75)	(76)	(77)	(78)	(79)
×	○	○	×	○	×	○	×

試験の終了間際になって 解けていない問題が残って いる場合，とりあえず何ら かの解答をしておくのもよ いかもしれません

標準について

標準
製品や事柄などの大きさ・形状などに関する取り決め

標準化
標準や規格を取り決めて活用すること

社内標準
それぞれの組織の中で，組織の運営などについて定めた標準

社内標準化
社内標準を取り決めて活用すること

工業標準
工業分野における標準

工業標準化
工業分野における標準化

第5回模擬テスト

問 1 解説

TQC（Total Quality Management）に含まれるものですが，その中で特に統計的な原理と手法に基づく品質管理を，**SQC**（Statistical Quality Control）と呼ぶことがあります。

本問の文章は SQC の定義であり，それぞれの□□□□に正しい語句を入れて完成させた文章を，次に示します。選択肢の数学は統計よりも広すぎる概念です。化学は話が違いますね。

ここでは，(1)と(2)がいずれも○○性ということになっていますが，「マーケットにおいて」とあるほうに市場性を入れることが妥当でしょう。

統計的品質管理とは，もっとも**有用**性が高く，かつ，マーケットにおいて**市場**性もある製品を，もっとも経済的に**生産**するために**生産**の全段階にわたって**統計**的な原理と**手法**を活用することをいう。

解答

(1)	(2)	(3)	(4)	(5)
エ	オ	ク	カ	キ

問 2 解説

それぞれの□□□□に正しい語句を入れて完成させた文章を，次に示します。

標準に記載されている規定された数値を**標準値**という。それが規格による場合には**規格値**ということがある。**標準値**は**基準値**と**基準値**からの幅としての**許容差**からなるが，上限や下限などの形で表現される場合には**許容限界値**と呼ばれる。

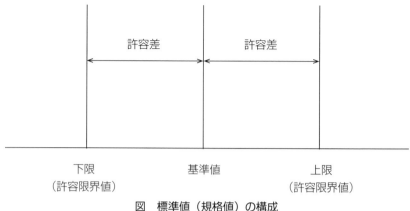

下限　　　　　　　　　基準値　　　　　　　　　上限
（許容限界値）　　　　　　　　　　　　　　　（許容限界値）

図　標準値（規格値）の構成

解答

(6)	(7)	(8)	(9)	(10)
キ	イ	オ	ク	カ

問 **3** 解説

　数値データが得られた場合の統計的扱いに関する問題です。

　まず，データの大きさとは，データの総数のことですので，ここでは n になります。また，範囲とは，データの中の最大値から最小値を引いたものですので，$x_{\max} - x_{\min}$ となります。残差と偏差はまぎらわしいかと思いますが，次のようになっています。

　　　偏差＝データ−母平均
　　　残差＝データ−試料平均

　次に，平方和とは2乗して足し算することをいいますので，偏差平方和は偏差を2乗して和をとるべきですが，一般に母平均は求まっていないことが多いので，残差平方和で代用します。したがって，次のようになります。

$$\sum_{i=1}^{n} (x_i - x_{\mathrm{mean}})^2$$

　これを自由度で割ったものが分散です。自由度は通常 $n-1$ が用いられま

すので，次式となります。この分散は不偏分散ともいわれます。

$$V = \frac{S}{n-1}$$

最後に，標準偏差は分散の平方根 $\sqrt{V}$ として求められます。

解答

(11)	(12)	(13)	(14)	(15)	(16)	(17)
ウ	キ	ク	シ	ス	チ	ナ

問**4** 解説

① 計数値が加工されて平均値や標準偏差になって元が整数値であったものが整数値でなくなっても，元が計数値であれば加工されたものも計数値とみなされます。

② たしかに出席率は，一般に整数になりませんが，そのもとのデータは出席者数という計数値ですので，そのデータを加工して得られる出席率も計数値として扱われます。

③ 記述のとおりです。計数値は通常整数ですが，その平均値は一般に整数ではなくなるものの，計数値の平均値は計量値ではなくて，もとのデータが計数値なので，その平均値も計数値とみなされます。

④ バイトという単位は，コンピュータ・メモリの最小単位であるビットの集まったものですので，「0か1か」というビットの性質上，カウントする単位です。バイトもビットも計数値です。

⑤ 時間という量は，あくまで計量値になります。測定技術上の理由で0.01秒の整数倍になっていても，時間は，本質的に「量」ですので計量値です。

解答

(18)	(19)	(20)	(21)	(22)
○	×	○	○	×

問5 解説

① 記述のとおりです。等しい条件のもとで製造され，あるいは製造されたとみられる製品の集まりを**ロット**といいます。

② **母集団**の定義は，「考察の対象となる特性を持つ，すべてのものの集団」ということです。工程において連続的に製造されている場合であって，処置（アクション）の対象が工程である場合には，工程が母集団（無限母集団）で，ロットはサンプルが該当します。しかし，ロット単位で合否判定され出荷や次工程への引き渡しの判断や処置が行われる場合には，ロットが母集団（有限母集団）となります。

③ 記述は誤りです。**ロットサイズ**（ロットの大きさ）とは，ひとつのロットに含まれる個数のことをいいます。

④ 記述のとおりです。母集団は有限母集団と無限母集団に区分されますが，ロットが母集団である場合には，そのロットは有限母集団に分類され，無限母集団に分類されることはありません。

⑤ **ロット品質**とはロットの集団としての良さの程度をいいますが，それは不適合品率や単位量当たりの不適合品数によって表されることも，平均値を用いることもあります。

解答

㉓	㉔	㉕	㉖	㉗
○	×	×	○	×

問6 解説

実際にヒストグラムを作成する場合を想定して，順次考えていきましょう。正しい手順は以下のようになります。

手順1　ヒストグラムを作成する特性を決める。
手順2　データを集める。
手順3　データの最大値と最小値を求める。
手順4　区間の数を設定する（区間の数は，一般にデータ総数の平方根の当たりの整数を採用することが多くなっています）。

手順5　区間の幅を決める（区間の幅は，（最大値－最小値）÷区間の数とし，測定の刻み（最小測定単位）の整数倍に丸めることが一般的です）。

手順6　区間の境界値を決める（区間の境界値は測定の刻みの１／２のところに来るようにします。そうすることで，ちょうど境界にくるデータ（どちらの区間に入れるべきか迷うデータ）がないようにできます）。

手順7　区間の中心値を決める。

手順8　データの度数を数えて，度数表を作成する。

手順9　ヒストグラムを作成する。

手順10　平均値や規格値の位置を記入する。

手順11　必要事項（目的，製品名，工程名，データ数，作成者，作成年月日等）を記入する。

解答

⑱	⑲	⑳	㉑	㉒	㉝	㉞
キ	エ	ア	ウ	カ	イ	オ

問 **7** 解説

　一見むずかしそうな問題に思えるかもしれませんが，よくみると比較的単純な問題であることがわかります。図から点の x 座標と y 座標を読み取って，次式から z 座標を求める問題ですね。

$$x + y + z = 1$$

x，y および z はそれぞれ正の数ですから，この式から1.0を超える数にもならないことがわかります。

　点 A は，x 座標が0.0，y 座標が1.0ですから，

$$z = 1 - 0.0 - 1.0 = 0.0$$

　同様に点 B は，$x = y = 0.0$ なので，

$$z = 1 - 0.0 - 0.0 = 1.0$$

　点 C は，x 座標が0.8，y 座標が0.2ということで，

$$z = 1 - 0.8 - 0.2 = 0$$

問 8 解説

　象限判定表は基本的に数えることで検討する方法であって，計算機の進歩した近年ではほとんど用いられない方法ですが，文章を読んでその方法の主旨を読み取る問題であると考えましょう。

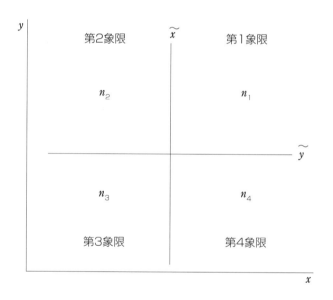

　$\tilde{x}$ という記号は x のメディアン（中央値）の記号です。この記号を知らなくても，x を代表する値のうち平均値 $\bar{x}$ ではないものとして，数えやすいものが該当すると考えれば，数えて求まるメディアンと考えてよいでしょう。モードは最頻値（流行値）と呼ばれるものです。

　また，y 軸に平行な直線 $x = \tilde{x}$ を $\tilde{x}$ 線と呼ぶのであれば，x 軸に平行な直線 $y = \tilde{y}$ は $\tilde{y}$ 線と呼ばれるでしょう。

　$n_1 + n_3 > n_2 + n_4$ ということは，第 1 象限および第 3 象限に打点が多いと

いうことですから，右上がりの傾向ということで，正の相関とみられます。大小記号の＞が≫になるということはより強い相関であることを意味します。

$n_1 + n_3 \gg n_2 + n_4$ である場合も，事情は同じで，今度は負の相関と考えられます。$n_1 + n_3 \fallingdotseq n_2 + n_4$ であれば，無相関ということは容易にわかりますね。

図や表やイラストを書いてみることは，問題を解くのに結構役立つものですよ

解答

(38)	(39)	(40)	(41)	(42)
イ	キ	ク	ケ	コ

要点整理　　散布図について

散布図	2つの対応のある特性や要因を縦軸と横軸とし，観測値を打点して作成したグラフ
正の相関	一方が増加すると他方も増加する傾向にあるという相関
負の相関	一方が増加すると他方が減少する傾向にあるという相関
無相関	正の相関と負の相関のどちらにもあてはまらない相関

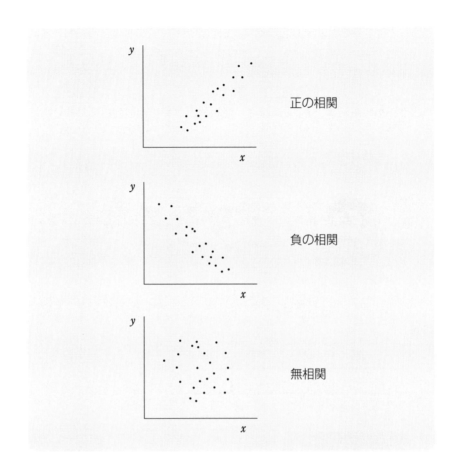

正の相関

負の相関

無相関

問9 解説

　アロー・ダイヤグラム法は，PERT図法ともいわれ，多くの段階のある日程計画を効率的に立案し，進度を管理することのできる矢線図を用いて検討される方法です。

　先行作業とは，その作業が終わらないと該当する作業が始められない作業のことです。また，ダミー作業とは，実際に行われることのない作業ですが，PERT図の中では，作業と作業の間の順序関係などを示すために用いられます。

　たとえば，イでは，作業Dの先行作業は作業Aの他に作業Bも該当することになります。

本問で，作業 D の先行作業が作業 C のみであるものは，アおよびエです
が，このうち作業 C の先行作業が作業 B となるものはアだけとなります。
　したがって，アが正解となります。この問題のケースでは，ダミー作業を
記入しなくても表現できたことになります。

解答

(43)
ア

問 **10** 解説

① 親和図法とは，多くの言語データがあってまとまりをつけにくい場合に
　用いられるもので，意味内容が似ていることを「親和性が高い」と呼
　び，そのようなものどうしを集めながら全体を整理していく方法のこと
　です。
② 管理図とは，工程などを管理するために用いられる折れ線グラフの形の
　ものです。
③ マトリックス図法とは，問題に関連して着目すべき要素を，碁盤の目の
　ような行列図に項目に並べ，要素と要素の交点において互いの関連の検
　討を行うための手法のことです。
④ ヒストグラムは，計量値のデータの分布を示した柱状のグラフをいいま
　す。
⑤ 特性要因図は，要因が結果に関係し影響している様子を，矢線の入った
　系統図にしたものです。

解答

(44)	(45)	(46)	(47)	(48)
キ	カ	ケ	エ	イ

問 **11** 解説

① 試料が有する属性を総合的に評価する方法は，その文字のとおりで，**総**

合評価ということになります。

② 試料どうしの直接的な比較を行わず，官能評価試験員のそれぞれが有する基準によって評価する方法は，主観評価や客観評価という選択肢もまぎらわしいかと思いますが，**絶対評価**という位置づけになります。

③ 比較対象との直接的な比較によって評価する方法は，これは絶対評価に対して，**相対評価**ということになります。

解答

(49)	(50)	(51)
オ	ウ	エ

問 12 解説

工程能力指数 C_p は次のように定義されます。ここで，上限と下限のある両側規格において，その上限が S_U，下限が S_L です。また，s は標準偏差です。

$$C_p = \frac{S_U - S_L}{6s}$$

工程能力指数の値によって，次の図のような判定がなされます。それらの違いをよく確認しておいてください。

工程能力が十分すぎるという場合は，「良すぎる」ということなので，規格限界を見直すことができるかもしれませんし，「良すぎる」ことが費用をかけて実現しているようであれば，そのコストを削減できる可能性などがあるかもしれません。

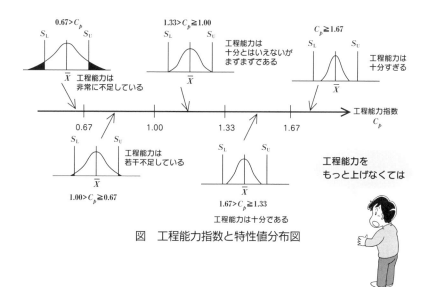

図　工程能力指数と特性値分布図

解答

(52)	(53)	(54)	(55)	(56)
エ	オ	ウ	ア	イ

問 **13** 解説

① $\overline{X}$ 管理図における連とは，中心線の片側に連続して打点されている並びのことで，ここでは右から12点目から始まって5点が連続して中心線の上側にありますので，これが該当します。

② 連続して下降している（下がっている）並びは，右から11点目からの6点がもっとも長い並びになっていますね。

③ 連続して上昇している（上がっている）並びは，左から9点目からの5点がもっとも長い並びになっています。

④ $\overline{X}$ 管理図においては，限界線（上方，下方とも）を越えて外れている点は見当たりませんね。

⑤ R 管理図では，上方管理限界線を越えて外れているものが，3点あります。

解答

(57)	(58)	(59)	(60)	(61)
カ	キ	カ	ア	エ

問 14 解説

　従来から，問題や課題を解決した事例の結果を，他の人にわかりやすく説明するための報告書の構成として **QC ストーリー**（品質管理の解決物語）がありました。

　しかし，これは問題や課題を解決するための標準的な手順でもあることから，最近では，解決や改善のためのアプローチとして「解決手順」や「改善手順」の意味で用いられるようになっています。

　QC ストーリーは，問題に関して「問題解決型 QC ストーリー」，課題について「課題達成型 QC ストーリー」と呼ばれることがあります。

表　QC ストーリーの比較

QC ストーリーの分類	問題解決型	課題達成型
目標の設定	既に存在している問題を定量的に把握すること	明確になっていない課題を明確に設定すること
解決のポイント	解決のための要因解析によって問題の原因を追及すること	達成のための手段・方策を立案すること
解決後の進め方	原因に対する対策の立案	達成のための最適策の設計

　それぞれの [　　　] に正しい語句を入れて完成させた図を，次に示します。望ましい流れとしてみておいてください。

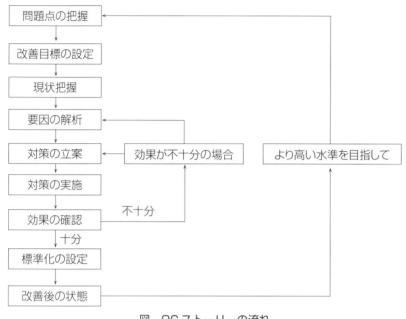

図　QC ストーリーの流れ

解答

(62)	(63)	(64)	(65)	(66)
ア	キ	ウ	エ	カ

問 **15** 解説

① 問題が発生したときに，作業方法などに対して原因を調査し，その原因を取り除き，再び同じ原因で問題が発生しないように**歯止め**を行うことを**再発防止活動**といい，この活動は**恒久対策**ともいいます。

② 将来発生する可能性がある不具合や不適合，またはその他で望ましくない状況を引き起こすと思われる潜在的な原因を取り除くことを**未然防止活動**といい，この活動には，問題の発生を事前に防ぐ処置と，発生したとしても**致命的**な影響を引き起こさないようにする処置とがあります。

解答

(67)	(68)	(69)	(70)	(71)
ウ	イ	カ	エ	ク

問 16 解説

① 方針管理は，企業における製品・サービスの開発や，品質などの競争力の維持・改善活動などを効果的に推し進めるために運営されます。

② 日常の維持管理（日常管理）が着実に行われていない場合，方針管理の実践は困難です。

③ 方針管理を効果的に実施するためには，上司やトップの方針を達成するための実施計画書が具体的に作成されている必要があります。

④ 方針管理では，その年度の達成状況をつかんだら終わりというわけではなく，次の年度へ関連づけながら方針を展開する必要があります。

⑤ 方針管理を効果的に推し進めるためには，全員の進むべき方向や目標が明確にされている必要があります。

解答

(72)	(73)	(74)	(75)	(76)
○	×	○	×	○

一問一答 チェックテスト

次の各記述中の（　）内に入るもっとも適切なものを，各選択肢から選びなさい。レベル表の改定により新たに追加された事項も含んでいます。

Q 01　市場クレーム発生している場合，企画や設計，製造，販売のすべての活動が（　）の思想に基づいて実施されているかを見直すことが必要である。
　　　　ア．マーケットイン　　イ．プロダクトアウト　　ウ．DFE

Q 02　部品や材料を購入する際に行う検査を（　）という。
　　　　ア．工程内検査　　イ．間接検査　　ウ．受入検査

Q 03　供給者側のロットごとの検査結果を必要に応じて確認することによって，受入側の試験を省く検査を（　）という。
　　　　ア．全数検査　　イ．間接検査　　ウ．受入検査

Q 04　現場に行って現物を見ながら現実的に検討し，原理・原則に照らし合わせて物事を見ることを重視する考え方を，（　）という。
　　　　ア．源流管理　　イ．5 S　　ウ．5ゲン主義

Q 05　（　）は，計画と実績を棒で表示し，活動の進度を管理する場合に用いるのに最適なグラフである。
　　　　ア．円グラフ　　イ．レーダーチャート　　ウ．ガントチャート

Q 06　結果に多大な影響を及ぼす少数の要因を見つけて解決に取り組む考え方を，（　）という。
　　　　ア．重点指向　　イ．分散指向　　ウ．三現主義

Q 07　故障の件数などを項目別に層別し，出現頻度の高い順に並べるとともに，累積和を示した図を，（　）という。
　　　　ア．パレート図　　イ．チェックシート　　ウ．特性要因図

Q 08 維持活動は，（　　）サイクルを基本として定められた標準に基づいて業務を実施した後，確認を行い，不具合が発生した場合の処置をとるプロセスである。
　　ア．PDCA　　イ．SDCA　　ウ．PDPC

Q 09 要因が様々な方向で影響したり，要因どうしの結びつきが複雑に絡み合ったりする場合には，要因間の関係を矢線で表す（　　）を用い，その関係を整理するとよい。
　　ア．マトリックス図法　　イ．親和図法　　ウ．連関図法

Q 10 時間が変化するにつれて数量が変化する場合に用いられ，時間の経過による連続的な変化などを見るのに適したグラフは，（　　）である。
　　ア．棒グラフ　　イ．折れ線グラフ　　ウ．円グラフ

Q 11 不具合・誤りと工程の対応の関係づけを行い，どの工程で発生・流出の防止を実施するのかについてまとめた図を，（　　）という。
　　ア．保証の網　　イ．過程決定計画図　　ウ．工程能力図

Q 12 要求される品質を満たしていないことにより生じた損害をつぐなうことを，品質（　　）という。
　　ア．保証　　イ．補償　　ウ．保障

Q 13 人はミスを犯すという前提に立って，ミスが起きないように対策することを，ポカヨケまたは（　　）という。
　　ア．フェールセーフ　　イ．トライ＆エラー　　ウ．フールプルーフ

Q 14 データが連続量として得られる計量値の場合の代表的な確率分布に，（　　）がある。
　　ア．正規分布　　イ．二項分布　　ウ．ポアソン分布

Q 15 計数値である不適合品数は，（　　）と呼ばれる確率分布に従う。
　　ア．正規分布　　イ．二項分布　　ウ．ポアソン分布

Q 16 工程を不適合品数で管理する場合に用いる管理図を（　　）という。
ア．p 管理図　　イ．np 管理図　　ウ．X 管理図

Q 17 人の感覚を用いて，製品やサービスの品質特性が要求事項に適合しているかどうかを判定する検査を，（　　）という。
ア．実験計画法　　イ．全数検査　　ウ．官能検査

Q 18 （　　）は，職場のコミュニケーションを良くし，明るく活力あふれる職場づくりを目指す活動である。
ア．QC サークル活動　　イ．標準化活動　　ウ．品質保証活動

Q 19 作業と作業を矢線で結び，その順序関係を表現することによって，最適な日程計画を立て，計画の進捗を効率的に管理する方法を，（　　）という。
ア．親和図法　　イ．系統図法　　ウ．アローダイアグラム法

Q 20 対策案を目的と手段の関係で枝分かれさせながら，目的を果たす最適な手段を系統的に考えていくことにより，解決策を得る方法を（　　）という。
ア．親和図法　　イ．系統図法　　ウ．マトリックス図法

Q 21 本体より少し離れた位置に小さい山がある（　　）型のヒストグラムの場合，工程に異常がないか，測定に誤りがないかなどを調べる必要がある。
ア．二山　　イ．離れ小島　　ウ．絶壁

Q 22 区間の1つおきに度数が少なくなっているものが描かれるヒストグラムは，（　　）型といわれる。
ア．歯抜け　　イ．高原　　ウ．絶壁

Q 23 左右に2つの山が描かれるヒストグラムは，（　　）型といわれる。
ア．一般　　イ．高原　　ウ．二山

Q 24 母集団から標本を抽出する行為を，（　　　）という。
　　　　ア．独立　　　イ．デザインレビュー　　　ウ．サンプリング

Q 25 潜在的な不適合の原因を抽出し，対策を行うことによって，問題発生を未然に防ぐ処置を，（　　　）という。
　　　　ア．是正処置　　　イ．予防処置　　　ウ．応急処置

Q 26 （　　　）は，データの収集が容易にでき，データを整理しやすいようにあらかじめ設計された図表である。
　　　　ア．チェックシート　　　イ．パレート図　　　ウ．特性要因図

Q 27 （　　　）とは，材料，機械，作業者，作業方法のことを指す。
　　　　ア．4 M　　　イ．4 S　　　ウ．PDCA

Q 28 日常管理の推進では，それぞれの部門が職務や活動内容を明らかにした上で，その成果を評価するための（　　　）を設定し，活動を行う。
　　　　ア．活動実績　　　イ．年度方針　　　ウ．管理項目

Q 29 問題が発生した場合に，応急処置的な対策にとどまることなく，問題を引き起こしている原因がどこにあるのかをさかのぼって検討するという（　　　）の考え方が重要である。
　　　　ア．方針管理　　　イ．源流管理　　　ウ．重点指向

Q 30 現状の把握や要因分析などを進める場合，事実を重視し，データでものをいう（　　　）を基本とすることが大切である。
　　　　ア．5 W 1 H　　　イ．ばらつき管理　　　ウ．事実に基づく管理

Q 31 抜取検査では，検査対象の（　　　）から一部のサンプルを抜き取り，その結果で合格・不合格の判定を行う。
　　　　ア．ロット　　　イ．標本　　　ウ．ばらつき

Q 32 工程の順序，管理項目，管理方法などをまとめたものを（　　　）という。

ア．工程能力図　　イ．QC 工程図　　ウ．管理図

Q 33 品質管理では，品質，コスト，（　　）の３つを合わせて，広義の品質という。
ア．整頓　　イ．量・納期　　ウ．見える化

Q 34 QC サークル活動は，基本的に（　　）の活動である。
ア．全員参加　　イ．個別参加　　ウ．会員参加

Q 35 QC サークル活動は，お客様満足の向上に加え，（　　）への貢献を目指す活動である。
ア．環境保全　　イ．健康　　ウ．社会

Q 36 データをその履歴によって，機械別・時間別・作業者別・原材料別など，いくつかのグループに分類することを，（　　）という。
ア．分離　　イ．抽象化　　ウ．層別

Q 37 （　　）とは，自分も相手も双方ともに利益が得られることを考えるものである。
ア．ES　　イ．Win–Win の思想　　ウ．プロセス重視

一問一答 チェックテスト 解答

Q 01 ア	**Q 02** ウ	**Q 03** イ	**Q 04** ウ	**Q 05** ウ
Q 06 ア	**Q 07** ア	**Q 08** イ	**Q 09** ウ	**Q 10** イ
Q 11 ア	**Q 12** イ	**Q 13** ウ	**Q 14** ア	**Q 15** イ
Q 16 イ	**Q 17** ウ	**Q 18** ア	**Q 19** ウ	**Q 20** イ
Q 21 イ	**Q 22** ア	**Q 23** ウ	**Q 24** ウ	**Q 25** イ
Q 26 ア	**Q 27** ア	**Q 28** ウ	**Q 29** イ	**Q 30** ウ
Q 31 ア	**Q 32** イ	**Q 33** イ	**Q 34** ア	**Q 35** ウ
Q 36 ウ	**Q 37** イ			

第1回模擬テスト 解答用紙

問 **1**

(1)	(2)	(3)	(4)	(5)

問 **2**

(6)	(7)	(8)	(9)	(10)

問 **3**

(11)	(12)	(13)	(14)	(15)

問 **4**

(16)	(17)	(18)	(19)	(20)

問 **5**

(21)	(22)	(23)

問 **6**

(24)	(25)	(26)	(27)	(28)

問 **7**

(29)	(30)	(31)	(32)

問 8

(33)	(34)	(35)	(36)	(37)	(38)

問 9

(39)	(40)	(41)	(42)	(43)	(44)	(45)	(46)	(47)	(48)

問 10

(49)	(50)	(51)	(52)	(53)

問 11

(54)	(55)	(56)	(57)

問 12

(58)	(59)	(60)	(61)	(62)

問 13

(63)	(64)	(65)

問 14

(66)	(67)	(68)	(69)	(70)

第 **1** 回

解答用紙

問 15

(71)	(72)	(73)	(74)	(75)	(76)	(77)	(78)

問 16

(79)	(80)	(81)	(82)	(83)

問 17

(84)	(85)	(86)	(87)	(88)

第2回模擬テスト 解答用紙

問 1

(1)	(2)	(3)	(4)

問 2

(5)	(6)	(7)	(8)

問 3

(9)	(10)	(11)	(12)	(13)

問 4

(14)	(15)	(16)	(17)	(18)

問 5

(19)	(20)	(21)	(22)	(23)

問 6

(24)

問 7

(25)	(26)	(27)	(28)	(29)

問 8

(30)	(31)	(32)	(33)

問 9

(34)	(35)

問 10

(36)	(37)	(38)	(39)	(40)

問 11

(41)	(42)	(43)	(44)	(45)

問 12

(46)	(47)	(48)	(49)	(50)

問 13

(51)	(52)	(53)	(54)	(55)

問 14

(56)	(57)	(58)	(59)	(60)	(61)	(62)

問 15

(63)	(64)	(65)	(66)	(67)

問 16

(68)	(69)	(70)	(71)	(72)	(73)	(74)

第**3**回模擬テスト 解答用紙

問 1

(1)	(2)	(3)	(4)

問 2

(5)	(6)	(7)	(8)	(9)

問 3

(10)	(11)	(12)	(13)	(14)

問 4

(15)	(16)	(17)	(18)	(19)

問 5

(20)	(21)	(22)	(23)	(24)

問 6

(25)	(26)	(27)	(28)	(29)

問 7

(30)	(31)	(32)	(33)	(34)

204

問 8

(35)	(36)	(37)	(38)	(39)

問 9

(40)	(41)	(42)	(43)	(44)

問 10

(45)	(46)	(47)	(48)	(49)	(50)

問 11

(51)	(52)	(53)	(54)	(55)

問 12

(56)	(57)	(58)	(59)	(60)

問 13

(61)	(62)	(63)	(64)	(65)

問 14

(66)	(67)	(68)	(69)	(70)

問 15

(71)	(72)	(73)	(74)	(75)

問 16

(76)	(77)	(78)	(79)	(80)

第4回模擬テスト 解答用紙

問 1

(1)	(2)	(3)	(4)	(5)

問 2

(6)	(7)	(8)	(9)	(10)

問 3

(11)	(12)	(13)	(14)	(15)	(16)

問 4

(17)	(18)	(19)

問 5

(20)	(21)	(22)	(23)	(24)

問 6

(25)	(26)	(27)	(28)	(29)

問 7

(30)	(31)	(32)

問 8

(33)	(34)	(35)	(36)	(37)

問 9

(38)	(39)	(40)	(41)	(42)

問 10

(43)	(44)	(45)	(46)

問 11

(47)	(48)	(49)	(50)

問 12

(51)	(52)	(53)

問 13

(54)	(55)	(56)

問 14

(57)	(58)	(59)	(60)	(61)	(62)	(63)	(64)	(65)	(66)

問 15

(67)	(68)	(69)	(70)	(71)

問 16

(72)	(73)	(74)	(75)	(76)	(77)	(78)	(79)

第5回模擬テスト 解答用紙

問 1

(1)	(2)	(3)	(4)	(5)

問 2

(6)	(7)	(8)	(9)	(10)

問 3

(11)	(12)	(13)	(14)	(15)	(16)	(17)

問 4

(18)	(19)	(20)	(21)	(22)

問 5

(23)	(24)	(25)	(26)	(27)

問 6

(28)	(29)	(30)	(31)	(32)	(33)	(34)

問 7

(35)	(36)	(37)

問 8

(38)	(39)	(40)	(41)	(42)

問 9

(43)

問 10

(44)	(45)	(46)	(47)	(48)

問 11

(49)	(50)	(51)

問 12

(52)	(53)	(54)	(55)	(56)

問 13

(57)	(58)	(59)	(60)	(61)

問 14

(62)	(63)	(64)	(65)	(66)

第**5**回

解答用紙

問 15

(67)	(68)	(69)	(70)	(71)

問 16

(72)	(73)	(74)	(75)	(76)

MEMO

MEMO

MEMO

MEMO

MEMO

MEMO

MEMO

MEMO

著者紹介

福井 清輔 （ふくい せいすけ）

福井県出身。工学博士。東京大学工学部卒業。東京大学大学院修了。

主な著作

「よくわかる　2級 QC 検定 合格テキスト」（弘文社）
「よくわかる　3級 QC 検定 合格テキスト」（弘文社）
「よくわかる　4級 QC 検定 合格テキスト」（弘文社）
「実力養成！2級 QC 検定 合格問題集」（弘文社）
「実力養成！3級 QC 検定 合格問題集」（弘文社）
「実力養成！4級 QC 検定 合格問題集」（弘文社）
「2級 QC 検定 直前実力テスト」（弘文社）
「3級 QC 検定 直前実力テスト」（弘文社）
「4級 QC 検定 直前実力テスト」（弘文社）
「本試験形式！2級 QC 検定 模擬テスト」（弘文社）
「本試験形式！3級 QC 検定 模擬テスト」（弘文社）＊本書
「本試験形式！4級 QC 検定 模擬テスト」（弘文社）

● 法改正・正誤などの情報は，当社ウェブサイトで公開しております。
http://www.kobunsha.org/
● 本書の内容に関して，万一ご不審な点や誤り，記載漏れなどお気付きの点がありましたら，郵送・FAX・Eメールのいずれかの方法で当社編集部宛に，書籍名・お名前・ご住所・お電話番号を明記し，お問い合わせください。なお，お電話によるお問い合わせはお受けしておりません。
郵送　〒546−0012　大阪府大阪市東住吉区中野2−1−27
FAX　（06）6702−4732
Eメール　henshu2@kobunsha.org
● 本書の内容に関して運用した結果の影響については，責任を負いかねる場合がございます。本書の内容に関するお問い合わせは，試験日の10日前必着とさせていただきます。

本試験形式！ 3級QC検定 模擬テスト

編　著	福井　清輔
印刷・製本	亜細亜印刷㈱

発 行 所	株式会社　弘文社	〒546-0012 大阪市東住吉区 中野2丁目1番27号 TEL　（06）6797−7441 FAX　（06）6702−4732 振替口座 00940−2−43630 東住吉郵便局私書箱1号
代 表 者	岡﨑　　靖	

落丁・乱丁本はお取り替えいたします。